U0353095

中国国家文化公园丛书

丛书主编　韩子勇

长城
国家文化公园
100问

高佳彬 / 著

南京出版传媒集团 南京出版社

图书在版编目（CIP）数据

长城国家文化公园100问 / 高佳彬著. -- 南京：南京出版社, 2023.9

（中国国家文化公园丛书）

ISBN 978-7-5533-4250-4

Ⅰ. ①长… Ⅱ. ①高… Ⅲ. ①长城 - 国家公园 - 问题解答 Ⅳ. ①S759.9912-44

中国国家版本馆CIP数据核字（2023）第098110号

丛 书 名 中国国家文化公园丛书
丛书主编 韩子勇
书　　名 长城国家文化公园100问
作　　者 高佳彬
出版发行 南京出版传媒集团
南 京 出 版 社

社址：南京市太平门街53号　　邮编：210016
网址：http://www.njcbs.cn　　电子信箱：njcbs1988@163.com
联系电话：025-83283893、83283864（营销）　025-83112257（编务）

出 版 人 项晓宁
出 品 人 卢海鸣
特约审稿 董耀会
责任编辑 谢　微
装帧设计 王　俊
责任印制 杨福彬

排　　版 南京新华丰制版有限公司
印　　刷 南京顺和印刷有限责任公司
开　　本 787 毫米 × 1092 毫米　1/16
印　　张 15　　插页2
字　　数 205千
版　　次 2023年9月第 1 版
印　　次 2023年9月第 1 次印刷
书　　号 ISBN 978-7-5533-4250-4
定　　价 39.00 元

用微信或京东APP扫码购书

用淘宝APP扫码购书

总 序

如果只选一个字，代表中华文明观念，就是“中”。

一个“中”字，不仅是空间选择，也是民族、社会、文化、情感、思维方式的选择。我们的早期文明中很重要的一件事，就是立“天地之中”——确立安身立命的地方。宅兹中国、求中建极、居中而治、允执厥中、极高明而道中庸……求中、建中、守中，抱元守一，一以贯之，这是超大型文明体、超大型社会得以团结统一、绵绵不绝、生生不息的内在要求。

“中”是“太初有言”，由中乃和，由中乃容，由中乃大，由中乃成，由中而大一统。所谓“易有太极，是生两仪，两仪生四象，四象生八卦”（《易传·系辞上》），八卦生天地。一个“中”字，是文明的初心，是最早的中国范式，是中华民族的“我思故我在”，是渗透到我们血脉里的DNA，是这个伟大共同体的共有姓氏。以中为中，俯纳边流，闳约深美，守正创新。今天，中国共产党人带领中国人民，在中国式现代化征程中，努力建设中华民族现代文明。一幅中华民族伟大复兴的壮丽画卷，正徐徐展开。

习近平总书记指出：“一部中国史，就是一部各民族交融汇聚成多元一体中华民族的历史，就是各民族共同缔造、发展、巩固统一的伟大祖国的历史。各民族之所以团结融合，多元之所以聚为一体，源自各民族文化上的兼收并蓄、经济上的相互依存、情感上的相互亲近，源自中华民族追求团结统一的内生动力。正因为如此，中华文明才具有无与伦比的包容性和吸纳力，才可久可大、根深叶茂。”“我们辽阔的疆域是各民族共同开拓的。”“我们悠久的历史是各民族共同书写的。”“我们灿烂的文化是各民族共同创造的。”“我们伟大的精神是各民族共同培育的。”长城、大运河、长征、黄河、长江，无比雄辩地印证了“四个共同”的中华民族历史观。建好用好长城、大运河、长征、黄河、长江国家文化公园，打造中华文化标识，铸牢中华民族共同体意识，夯实习近平总书记“四个共同”的中华民族历史观，是新时代文化建设的战略举措。最近，习近平总书记在文化传承发展座谈会上发表重要讲话，指出中华文明具有突出的连续性、突出的创新性、突出的统一性、突出的包容性和突出的和平性五个特性。长城、大运河、长征、黄河、长江，最能体现中华文明这五个突出特性。目前，国家文化公园建设方兴未艾，在紧锣密鼓展开具体项目、活动和工作时，扎扎实实贯彻落实好习近平总书记关于“四个共同”“五个突出特性”等重要指示精神，尤为重要，正当其时。

“好雨知时节，当春乃发生。”南京出版社，传时代新声，精心组织专家学者，及时策划、撰写、编辑、出版了这套国家文化公园丛书。我想，这套丛书的出版，对于国家文化公园的建设者，对于急于了解国家文化公园情况的人们，都是大有裨益的。

国家文化公园专家咨询委员会总协调人、长城组协调人，中国艺术研究院原院长、中国工艺美术馆（中国非物质文化遗产馆）原馆长

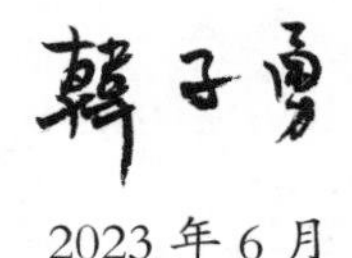

2023 年 6 月

目 录

序 篇

第一篇 历史文明

第四篇 绿色生态

第五篇 时代精神

序 篇

1

以长城为名：长城国家文化公园的区域范围？和线性长城的区别有哪些？

2019 年，中共中央办公厅、国务院办公厅印发了《长城、大运河、长征国家文化公园建设方案》（简称“《方案》”），提出建设国家文化公园的重大文化战略部署。首批规划设计的国家文化公园以长城、黄河、大运河、长征等为名，以文化为重要标志，以公园为空间形象，是不同于其他一切已有公园、文化空间的重大首创，是推动新时代推进文化自信自强、铸就社会主义文化新辉煌的重大工程。

长城是一个巨大的线性实体，包括战国、秦、汉长城，北魏、北齐、隋、唐、五代、宋、西夏、辽具备长城特征的防御体系，金界壕以及明长城，现在经过考古学界考辨，有明确的区域分布和范围界定。相较于线性长城遗迹实体，长城国家文化公园的空间范围具有一定的开放性，区域边

中国历代长城总图（董耀会 1987 年绘制）

界并不那么明显。长城国家文化公园的空间范围，是长城文化属性的弥散范围，是一条“文化带”，而非“地理带”。借鉴我国考古学上对“中国北方长城地带”“北方地带”的空间界定，长城国家文化公园框定的长城文化地带是一个以线性长城为线路，以现存遗迹为基点，以长城文化属性为中心，结合线性长城分布区的地域文化特征，涵盖北京、天津、河北、山西、内蒙古、辽宁、吉林、黑龙江、山东、河南、陕西、甘肃、青海、宁夏、新疆 15 个省（区、市），纵横南北数百千米乃至上千千米，东西数千千米的广阔的文化地带。

这条文化地带和线性长城有着千丝万缕的联系。首先，长城国家文化公园依托线性长城而生成。跨区域的线状空间特征，使人的迁徙流动有了明确的方向，交往也被延长，从而实现更广泛长久的文化扩散与流动。在线性长城地带，不同族群长期共存，农、牧两种生产生活方式不断交流碰撞，使得长城成为世界历史上规模最大、历史最久的民族融合地带。中国

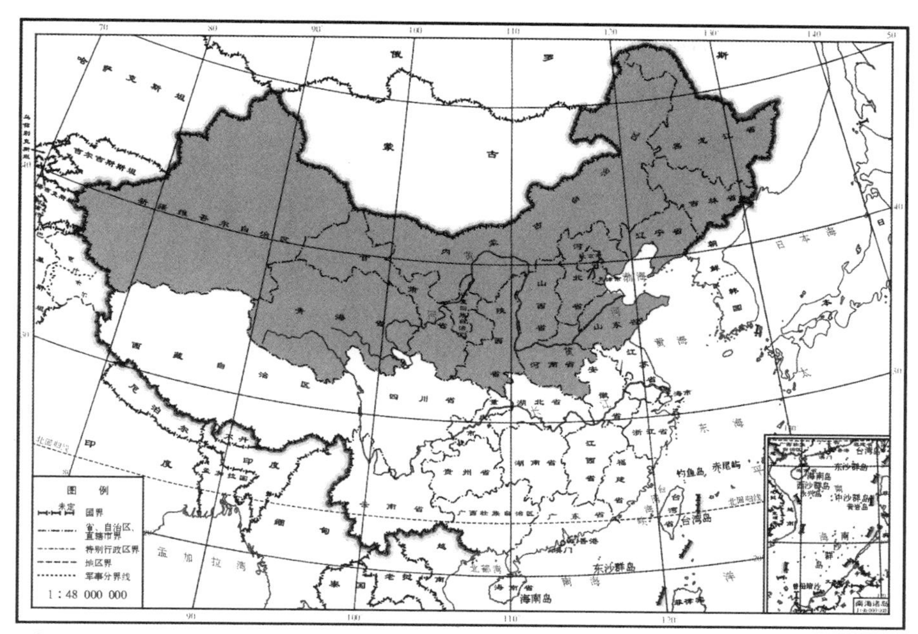

审图号：GS(2016)1600号　　　自然资源部 监制

长城国家文化公园所涉省份示意图

各民族在这条巨大纽带上生存和发展，促使“多元一体”民族和文化内涵走向成熟。

其次，长城国家文化公园以线性长城为主要形象。国家规划指出，建设长城、大运河、长征、黄河等国家文化公园要坚持保护第一、传承优先，以沿线一系列主题明确、内涵清晰、影响突出的文物和文化资源为主干。线性长城的遗迹，作为长城国家文化公园建设的主要资源，也构成了文化公园的主体景观。

最后，长城实体凝聚的文化价值、精神内涵是长城文化属性的重要内核。长城是中国人心中最特殊的文化遗产，包含国家的历史起源、民族精神与国家价值观地渗透，是中华民族的精神标志，它凝聚着中华民族的奋斗精神和爱国情怀，是中华民族的代表性符号和中华文明的重要象征，具有跨越中外的持久影响力。建设长城国家文化公园的根本目的就是对民族共享的文化符号进行阐释，宣扬长城所代表的国家性、时代性的文化价值和精神内涵。

2

以长城为体：长城到底有多长？

我们今天习惯将长城称作“万里长城”，那长城究竟有多长？根据国务院批准的《长城保护工程（2005—2014 年）总体工作方案》，2007 年至 2012 年，由国家文物局负责组织和协调，国家测绘局提供技术支持，长城沿线各省级文物和测绘部门的考古、测绘专业技术人员联合组成调查队（组），分工协作，展开调查工作，首次科学、系统地测量，获得了历代长城现存遗址遗迹的精确长度——21196.18 千米，相当于 42392.36 里，“万里长城”名副其实。

中国古代历史上的人们，对长城是否同样有“万里”的长度感知呢？《史记 · 蒙恬列传》中载：“秦已并天下，乃使蒙恬将三十万众，北逐戎狄，收河南。筑长城，因地形，用制险塞，起临洮，至辽东，延袤万余里。”《史记 · 匈奴列传》又载：“后秦灭六国，而始皇帝使蒙恬将十万之众北击胡，悉收河南地。……因边山险巉溪谷可缮者治之，起临洮至辽东万余里。”由此可见，“万里”的长度认知至少从西汉时就在对秦始皇长城的官方记述里可以确定。值得注意的是，这里的“里”是中国古代的长度单位，和现在惯常使用的里、千米长度有所不同。按照秦制来度量秦始皇长

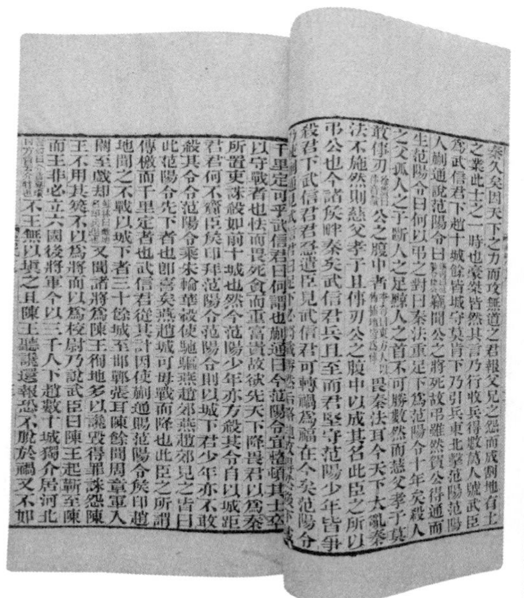
秦久矣因天下之力而攻無道之君報父兄之怨而成割地有土之業此士之一時也豪桀皆然其言乃行收兵得數萬人號武臣為武信君下趙十城餘皆城守莫肯下乃引兵東北擊范陽范陽人蒯通說范陽令曰竊聞公之將死故弔雖然賀公得通而生范陽令曰何以弔之對曰秦法重足下為范陽令十年矣殺人之父孤人之子斷人之足黥人之首不可勝數然而慈父孝子莫敢倳刃公之腹中者畏秦法耳今天下大亂秦法不施然則慈父孝子且倳刃公之腹中以成其名此臣之所以弔公也今諸侯畔秦矣武信君兵且至而君堅守范陽少年皆爭殺君下武信君君急遣臣見武信君可轉禍為福在今矣范陽令乃使蒯通見武信君曰……傳檄而

千里定可乎武信君曰何謂也蒯通曰今范陽令宜整頓其士卒以守戰者也怯而畏死貪而重富貴故欲先天下降畏君以為秦所置吏誅殺如前十城也然今范陽少年亦方殺其令自以城距君君何不齎臣侯印拜范陽令范陽令則以城下君少年亦不敢殺其令令范陽令乘朱輪華轂使驅馳燕趙郊燕趙郊見之皆曰此范陽令先下者也即喜矣燕趙城可毋戰而降也此臣之所謂傳檄而千里定者也武信君從其計因使蒯通賜范陽令侯印趙地聞之不戰以城下者三十餘城至邯鄲張耳陳餘聞周章軍入關至戲卻又聞諸將為陳王徇地多以讒毀得罪誅怨陳王不用其筴不以為將而以為校尉乃說武臣曰陳王起蘄至陳而王非必立六國後將軍今以三千人下趙數十城獨介居河北不王無以填之且陳王聽讒還報恐不脫於禍又不如

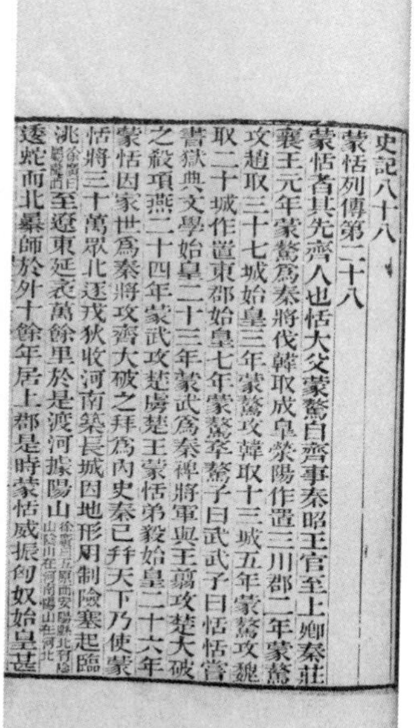
史記八十八

蒙恬列傳第二十八

蒙恬者其先齊人也恬大父蒙驁自齊事秦昭王官至上卿秦莊襄王元年蒙驁為秦將伐韓取成皋滎陽作置三川郡二年蒙驁攻趙取三十七城始皇三年蒙驁攻韓取十三城五年蒙驁攻魏取二十城作置東郡始皇七年蒙驁卒驁子曰武武子曰恬恬嘗書獄典文學始皇二十三年蒙武為秦裨將軍與王翦攻楚大破之殺項燕二十四年蒙武攻楚虜楚王蒙恬弟毅始皇二十六年蒙恬因家世得為秦將攻齊大破之拜為內史秦已并天下乃使蒙恬將三十萬眾北逐戎狄收河南築長城因地形用制險塞起臨洮至遼東延袤萬餘里於是渡河據陽山逶蛇而北暴師於外十餘年居上郡是時蒙恬威振匈奴始皇甚

《史记·蒙恬列传》书影

城，秦制以 6 尺为 1 步，秦 1 标准尺约合现在的 23.1 厘米，300 步为 1 里，由此可以推算，秦时的 1 里也就相当于现代的 415.8 米。《史记》记载的“万余里”的长城，换算成现在的度量长度的话，至少在 4158 千米，即 8316 里。所以用现代的眼光来看，秦汉时期所看到的“万里长城”，虽不足现代的“万里”之长，但也相去不远。

历史学者景爱先生将文献记载作为长城长度数字的来源，在《中国长城史》中对中国历代长城长度进行了推算，他认为，历代长城总长度在 34107.93 千米，除了秦始皇长城外，汉代长城、明代长城也基本达到了“万里”的长度。[1] 西汉时期对秦始皇长城进行大规模修缮，同时也进行增筑，例如在汉西北地区修筑了令居塞、居延塞，敦煌至盐泽亭障，盐泽以西亭

① 景爱：《中国长城史》，上海人民出版社 2006 年版，第 340—342 页。

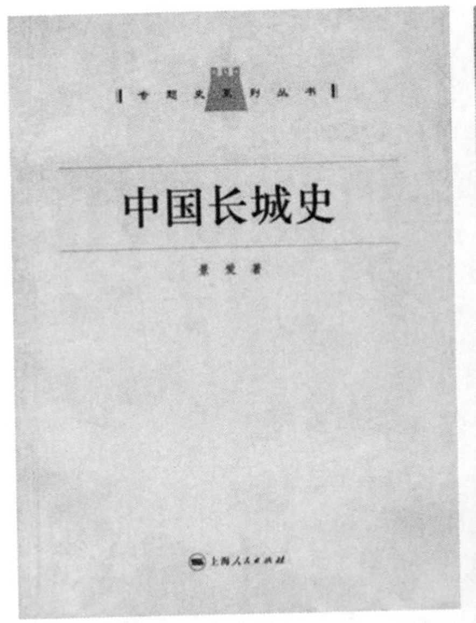

景爱《中国长城史》中英文版书影

障，以及疏勒河长城。东汉时期加强了长城内层防务，内层防线有所延展。这些长城长度，景爱先生推算有 8057 千米，即 16114 里。另外一条万里长城是东起鸭绿江、西到嘉峪关的明长城，景爱先生推算有 5787.78 千米，即 11575.56 里。

中国是一个名副其实的长城之国，纵观历史，尽管长度度量标准不同，但万里长城早已有之。在秦、汉、明等大规模修筑长城的朝代，当时的人们也能清楚地感知到长城的"万里之长"。但历史上的长城，并没有被清楚地进行测量，没有准确长度数据记载。2007 年，国家文物局启动的长城资源调查，首度得到了 21196.18 千米这一精确的长城遗存长度数据，为国家实施长城保护工程提供了坚实的基础，也让"万里长城万里长"有了更加充分可信的依据。

◎ 延伸阅读

度量衡的历史

在长度度量上，历史上有不同的标准，随着政权变更，历朝历代也不断调整度制。度制，分寸、尺、丈。《吕览》云“仲秋之月，一度量，平权衡，正钧石，齐斗甬”，秦实行商鞅变法后统一了度量衡。秦始皇灭六国后，宣布“一法度衡石丈尺”，即统一度量衡，确立了以“十分为寸，十寸为尺，十尺为丈，十丈为引”的统一标准，改变了既往度量制度不一的混乱局面。

3

以长城为源：长城国家文化公园建设如何为中国式现代化提供精神源动力？

长城是举世闻名的人类奇迹，是当之无愧的中国骄傲。历经 2000 多年风霜，长城依旧昂首屹立在北方大地上，一直发挥也将继续发挥它的特殊作用。

长城有值得骄傲的物质文化。长城修筑的历史悠久，工程雄伟浩大。根据官方史志记载，自战国开始修建长城以来，共有 20 多个诸侯国和封建王朝修筑过长城这一伟大军事工程。据 2012 年国家文物局发布的数据，历代长城总长为 21196.18 千米，相当于 42392.36 里，秦、汉、明三朝所修长城的长度都接近或超过了 1 万里，是名副其实的“万里长城”。现在我国新疆、甘肃、宁夏、陕西、内蒙古、山西、河北、北京、天津、辽宁、

历史悠久、巍峨雄壮的长城（张彦斌 摄）

吉林、黑龙江、河南、山东、青海等15个省（区、市），都有长城的遗迹。长城堪称一个超巨型的建筑遗迹，是人类文明史上最伟大的建筑，是人力创造的奇迹。1987年12月，长城是我国首批申请、首批入选的世界文化遗产。

长城有值得骄傲的精神文化。长城因战争而修筑，但为和平而永恒。在历史长河中，长城并未一直陷在烽火硝烟中，长城的修筑增加了发动战争的成本，增加了长城互市贸易、互惠交往的和平“红利”，因此，长城成为追求和平和交流、交往、交融的象征。长城的存在，逐步奠定了中国追求多元一统、民族文化多源一体的政治格局和文化现实。长城南北的文化相互认同，各民族和合与共成为历史发展的主流。19世纪后，长城在抵抗外来侵略中，积极参与到中国革命、救亡和启蒙等重大社会与时代叙事中去。“把我们的血肉筑成我们新的长城”成为响彻中国的共同声音，长城成为民族救亡图存、向死而生的关键精神符码。长城成为中华民族不屈不挠、团结奋斗精神的生动象征。

长城文化是提升文化自信自强不可或缺的重要力量。作为建筑奇迹和无与伦比的精神图腾和文化标志，长城是历史上形成的中华民族生生不息的根脉，也在促进中华民族多元一体格局形成发展，在推动中华文明与其他文明进行交流互鉴的进程中发挥了无可替代的作用。当下，我们正迈步中国式现代化、中华民族伟大复兴的新征程，长城国家文化公园立足国家战略高度，需要凝练汇聚好长城的核心精神价值和文化内涵，为我们民族和国家提供取之不尽、用之不竭的生生之力。

中国式现代化需要用长城讲好“多元一体”故事。中国式现代化是新发展格局下各民族共同发展进步的现代化，哪一族都不能落下。长城自古以来就是各民族文化交往、交流、交融的“一线”，成为不同民族族群交往的通道和多元文化因素交融的纽带，呈现中华传统文化的独特创造。建设国家文化公园，要做好对长城“多元一体”特性的讲述，引导各民族团结互助、共同繁荣，继续在“多元一体”的格局中走向社会主义现代化。

中国式现代化需要长城讲好“共同富裕”的故事。中国式现代化是中国共产党领导的社会主义现代化，是以实现人民对美好生活的向往为出发点和落脚点的现代化。长城处于农牧交错带，长期以来两种生业共同发展、互通有无。长城和丝绸之路一起，也是不同民族族群贸易往来、共同致富的经济带。长城经过 15 省（区、市），也是广阔的长城经济区域，需要通过产业引领、项目带动，让更多沿线人民参与到中国式现代化进程中，分享中国改革发展成果，为实现共同富裕而努力奋斗。

文化和旅游部推进建设的“长城国家文化公园”官方网站界面

中国式现代化需要长城讲好“自信自强”故事。中国式现代化是物质文明和精神文明相协调的现代化，经济不断发展的同时，文化自信自强不能落后。长城是“文明的肋骨”，在它的保护下，中华民族和中华文明得以形成，并且发展壮大。长城承载着中华民族厚重的文化记忆，汇聚了多元一体的民族文化和丰富的传统习俗，积淀着中华文明博大精深的内涵，是中华民族的根和魂。基于此，长城国家文化公园建设，不仅仅停留在展示文化遗产上，而且要在挖掘长城沿线历史文化资源中下大力气，增强文化自信、塑造文化认同、凝聚发展共识，为中华民族伟大复兴贡献巨大力量。

第一篇
历史文明

4

长城最早的原型是什么？对早期文明形成起到怎样的作用？

众所周知，长城本体是主要发挥军事防御功能的建筑工事。近年来，考古发现，早在龙山时代晚期和庙底沟二期之初，在陕北、陇东、内蒙古中南部、晋中北、冀西北地区，存在一些与长城功能类似的石城，已经具有了长城的基本形制特征，因此被一些考古学家称为“原始长城”或者“长城原型”。例如，陕西榆林神木市的石峁城遗址，距今约 4000 年，城内面积逾 400 万平方米，是目前我国发现的最大的史前城址。石峁是龙山

图1-1　石峁城遗址（资料来源：国家文物局《中国文物地图集：陕西分册》）

图1-2　后城咀石城遗址电脑复原图（资料来源：《考古中国——河套地区聚落与社会研究》，载内蒙古文物考古研究所《草原文物》2020年第2期）

时代晚期我国河套地区的早期国家的都城之一，出土了一些记录文明足迹的非常重要的玉器、石器、骨器等遗物，被誉为“中国文明的前夜”，入选“21世纪世界重大考古发现”等。再如内蒙古中南部的后城咀石城遗址，同样处于新石器时代晚期向夏奴隶制文明过渡的阶段。此外，还有碧村遗址等，都是早期文明的聚集建筑。石城不仅是集聚的生产生活空间，而且承担了隔开不同族群进行定向防御的功能。我国苏秉琦等学者经研究，认为早期北方石城的防御、守护功能和城形制的出现，是早期文明和社会形态发展到一定阶段的必然产物。剩余生产生活资料促使私有财产、贫富分化——阶层的出现，为保护财产财富，出现大型石城、中小型石城及无石城墙的聚落遗址，出现了早期部落联盟，这是方国出现前的社会力量。除北方地区石城外，具备早期文明足迹性质的遗留，还有中原地区的夯土城和长江流域的堆土城等，最早出现的年代则可追溯到庙底沟二期之初，这或可说明，这一时期中国已经形成了相对成熟的城市建筑区，同样也是中华文明发轫的重要证明。

图1-3　碧村遗址石墙（资料来源：山西省考古研究所“山西‘十二五’考古成果展”）

除了单向的文明记录和印

证外，早期北方石城、夯土城、堆土城都深度参与了早期文明形态面貌的塑构。以北方石城带为例，考古学家韩建业在《试论作为长城“原型”的北方早期石城带》中通过对北方石城出土文物的考辨，[①]提出发生在公元前4700年内蒙古中南部、河北大部、河南中部地区的文明格局巨变，是由于西部黄土高原地区族群的武力进攻引起的，最终以黄河高原部族的胜利而告终，庙底沟文明实现强势扩张，与之形成鲜明对照的是其他地区比较稳定地向半坡文明周后期过渡。他将这场改变文明格局的大规模战争认定为黄帝蚩尤间的涿鹿之战。作为防御北方族群入侵的石城，在一定程度上促进和延续了这种文明融合的优势。

5

楚国的“方城”是指什么？

“楚盛，周衰，控霸南土，欲争强中国，多筑列城于北方，以逼华夏，故号此城为万城，或作方字。”这是《水经注·汝水》中的一段记录。《左传》又记载僖公四年（公元前656）楚国大夫屈完面见齐桓公的一段话：“君若以力，楚国方城以为城，汉水以为池，虽众，无所用之。”《读史方舆纪要》又载：“楚置城于山上，以为要隘……几数百里，亦曰长城山。”此外，在《国语》《战国策》《史记》《水经注》中均能找到记录楚方城

① 韩建业：《试论作为长城“原型”的北方早期石城带》，载《华夏考古》2008年1期，第48—53页。

的文字。方城——这一历代文献频繁记载的名字，究竟指向何种建筑？

从史书记载来看，“方”通“万”，方城可以理解为数量众多的列城，大致是一系列依地形排列的防御性小城，许多小城接连成线形成一条城池带。这些城池带的地理方位在楚国北部边境，连缀起来，长度有数百里，主要功能是和山地相连形成军事上的要隘，用以向北进行军事攻防。接下来的问题是，楚方城和近现代考古发现的分布在湖北竹溪县、竹山县、丹江口市，到河南南阳的邓州市、淅川县、镇平县、内乡县等地的楚长城是否是同一事物？2010年3月，考古学界首次确定了楚长城的地理位置和走向，结合考古结果和历史文献记载，楚长城始建于公元前7世纪。河南省文物考古研究院的李一丕曾对叶县楚长城资源进行过持续考察研究，他结合对楚长城城址遗迹出土的陶鬲、陶盆、铜镞等遗物的断代研究，认定楚长城时代最早可达春秋时代中期，大致是公元前670年—前570年左右。从考古遗址来看，河南境内的楚长城遗址有8区段，分别是泌阳段、舞钢段、叶县段、方城段、桐柏段、鲁山段、南召段、驿城区段。部分学者认为楚方城就是楚长城的观点比较盛行，但也有部分学者仍然倾向于认为楚方城不等于楚长城，只能算楚长城的前身。从现有的考古遗迹来看，楚长城的主体是以人工修筑的墙体，连接山险、古道路、古河流和众多的关堡、兵营、城址形成的综合防线，楚方城更多指的是屯兵警哨之所，因此不能仅仅以列城或者城池带来概括。罗哲文认为“楚长城起初是由列城发展而成的”，这一观点是比较合理的，它是以原本的城池带为基础，以古道关隘为重点，与山

图1-4　楚长城遗址

岭、河流等自然险障相联结的军事工程。

楚方城作为楚长城的重要构成，是一种早期长城，它的形态区别于我们惯常认知的长城是很长一段实体城墙连在一起的形象。它也是目前中国已知的长城中，位置最靠南的，位于秦岭—淮河以南的长城。另外，楚方城更加突破惯常认知的还在于它的功能，我们惯常认识中的“长城”是防御性、谋求和平的，用于保卫中国、中原王权的，而楚国修筑方城是与衰落的周王室争抢空间，谋夺正统的产物，在功能上是有着较大差异的。《史记索隐》称：“刘氏云‘楚适诸夏，路出方城，人向北行，以西为左，故云夏路以左’，其意为得也。”大意是说，楚国从楚方城古塞大关口北出，有一条通往中原“诸夏”的宛洛古道，这是春秋时期楚境内著名的南北交通干线。这条快速可通向黄河流域诸夏之国的道路和进逼华夏的方城一起，构成了早期长城的进攻性十足的特殊面貌。

6

谁是有史记载最古老的长城?

齐国和楚国都是最早修筑长城的诸侯国之一，但究竟谁为先还是一个待讨论的问题。部分学者认为，楚国长城修筑较早，他们通过史书记载考证，将楚长城存在时间大致确定在公元前 656 年（楚成王十六年）之前。如此判定的依据是，《左传》记载了一则故事，当时齐桓公率诸侯国共同伐楚，楚国不敌，楚成王派大夫屈完出使齐军，面见齐桓公劝其罢战。齐桓公以强盛的兵马威逼楚国，并不打算退兵。屈完则指出“君若以德绥诸侯，谁敢不服？君若以力，楚国方城以为城，汉水以为池，虽众，无所用之！”大意是，齐侯如果以良好的德行率领诸侯，诸侯都会顺服。如果依恃武力，楚国则不会因此惧服，而是会把方城山当作城墙，把汉水当作护城河，用方城、汉水来防御，要塞天堑面前，即使齐国有再多的军队，也无甚作用。齐桓公听后和屈完订立了盟约，不再攻打楚国，这就是齐楚“召陵会盟”的故事。部分学者将“方城”等同于楚长城来理解，认为公元前656年，楚国已建造了长城，而根据《左传》原文，方城指向山名、地名，并不能将其和长城简单等同。到班固所著的《汉书·地理志》：“南阳郡，叶，楚叶公邑。有长城，号曰方城。”南阳是叶公子高的封地，境内有楚长城，号为方城。《水经注·潕水》：“叶东界有故城，始犨县东，至瀙水，达比阳界，南北联，联数百里，号为方城。一谓之长城云。”叶公子高也就是“叶公好龙”的主人公，他是在其父楚左司马沈尹戍兵败（公元前506）后被赐封叶公的，封地在叶县，由此推测，大约在公元前506年至前470年，叶县内已有长城，这可能才是真正成形的楚长城。如罗哲文所言，长城出现有个发展的过程，最初是单个防御性的城墙，后来成为分布广泛的列城，也就是《左传》中的“方城”，在《汉书》《水经注》里，“方城”才真正指向楚长城。除此争议外，由于楚长城长期缺乏遗迹发现，曾被学界质疑是否真实存在，直至2000年以来，在河南省南阳市南召县的乡镇，陆续发现了一批疑似楚长城的遗址；2008年，河南文物考古研究所考古发掘出大量的文物资料；2015年，国家文物局批复将南召列入战国楚长城遗址县。从历史记载到发现遗址被肯定，经历了漫长的过程，但结合史书和现有考古成果，楚长城大致建造时间在春秋时代中期。

相比于战国楚长城，部分学者认为齐长城更为古老。《管子·轻重篇》云：“长城之阳鲁也，长城之阴齐也。”从管仲拜齐国相和齐桓公在位时间推断，大致在桓公时期（公元前685—前643），已有齐长城。但《管子》是学术思想著作，而非史书，而且学界普遍认为《管子》是后人托名管仲所著，成书年限大致在战国至西汉这段时间，因为并不能作为长城建造时间的确证。《左传》襄公十八年（公元前555），晋率宋、卫、郑、曹、莒、邾、滕、薛、杞、小邾联军攻打齐国，齐侯在平阴军事重镇，从堑壕里挖出泥土附在堤防上，建造了广阔的线式防御工事进行抵抗。齐国西面，水祸频繁，修造壕沟堤坝比较普遍，为齐长城修建奠定了基础。河南省太仓一带出土的战国编钟，上有铭文“征齐，入长城，先会于平阴”字样，平阴即今山东平阴东北，当地也有春秋战国古墓文物相互佐证。可见，公元前555年，齐长城已经建成是比较明确的。另外根据新出土的《清华简·系年》记载，晋、越联合伐齐后，齐人在泰沂山脉、济水一带修筑了长城，这一历史事件大致发生在晋敬公十一年（公元前441）。所以，从现有史书记载来看，齐长城修建时间应早于鲁襄公十八年（公元前555），或者至少不晚于晋敬公十一年。最早是堑壕，是修建在齐国平阴的水利工程，公元前555年，齐灵公“御诸平阴，堑防门而守之”，在原有水利工程基础上改建成线性的军事防御工程。“平阴之战”后，历代齐侯认识到长城在南境分水岭的交通要道和关隘要塞上的作用，于是《竹书纪年》中齐威王才有延续性的“筑防以为长城”的记载，举国继续大规模修建长城。

综合几种史志材料，楚方城的修筑时间最早，但真正形成完整建制的楚长城可能要稍晚些，楚长城、齐长城都是现存史书明确有记载的最早的长城，都可以说是中国最早的长城，两者都是当之无愧的“中国长城之父”。

7

赵武灵王胡服骑射改革和长城修建有何关联？

赵国是战国七雄之一。开国君主赵籍，是晋国大夫赵衰的后代。东周贞定十六年（公元前 453），赵联合韩、魏，三家基本控制了晋国朝堂。公元前 403 年，赵籍被周威烈王封为赵敬侯，逐渐成为有影响力的诸侯之一。“三家分晋”也被史学界视为春秋之终、战国之始的分界线。

赵武灵王本名赵雍，他于公元前 325 年即位，是战国时期赵国第六代君主。赵雍即位时，赵国在其父赵肃侯生前带领下，与魏、楚、秦、燕、齐等国连年恶战，内部国力空虚，外部不仅有中原各诸侯国虎视眈眈，还有外族侵袭的威胁，东边有胡，西边有林胡、楼烦，旁边还有楔入赵国的版图内的中山小国的威胁。面对内外交困的局面，赵雍决意改革图强，实行胡服骑射。在这之前，战争主要依靠步兵和战车配合对战。但战车有个难以克服的弊端，就是稳定性不高，难以适应山地地形，机动作战能力不够。赵武灵王在群敌环伺的状态中，敏锐地发现了这一弊端，在公元前 307 年，他正式颁布诏令，推行胡服之制，实行“变服”，让士兵换上北方民族的短衣着，随后又推行了骑射兵制改革，以单骑匹马灵活快捷地作战，代替过去着厚重战袍、驾战车的作战方式，建立了强大的国家骑兵。

图 1-5　赵武灵王胡服骑射改革

经过赵武灵王的改革，赵国的军事实力得到了极大提高。赵武灵王二十年（公元前

306），赵武灵王进攻中山并攻取了与林胡接壤的榆中地区，林胡王求和进贡大批良种马。在得到兵马补充后，赵武灵王招募了大量林胡勇士，继续扩充骑兵军队，开疆拓土，设置了云中、雁门、代郡，赵国领土范围进一步扩大。

赵武灵王二十六年（公元前 300），赵武灵王率军夺取中山与代郡和燕国交接的土地，彻底将心腹之患的中山国完全控制在赵国境内形成包围之势。同时，向北夺取林胡、楼烦的大片土地，迫使林胡、楼烦向北退移。为巩固军事胜利的成果，赵武灵王派人修建长城，“筑城自代并阴山下，至高阙为塞”。“高阙”，是形容长城经过的两边山势高耸的情状，其具体位置就在内蒙古五原以北的狼山和乌拉山，两山高耸，中间如阙。郦道元在《水经注》中，用寥寥数语鲜活生动地描述出这段长城的精妙，“长城之际，连山刺天。其山中断，两岸双阙。善能云举，望若阙焉”，长城高阙之高、奇、险、要宛在眼前。赵长城一共两道，一道从河北宣化境内，向西经山西北部，然后折向西北，沿阴山到内蒙古乌加河、狼山一带，这是赵北长城; 另一道在河北张北至内蒙古乌拉特前旗、包头、呼和浩特一线。

赵武灵王实行的胡服骑射改革和长城修筑是为了满足赵国客观外在严峻形势的需要，也是这位年少即位的君主变革谋强的重要举措，从军事上让赵国在短期内壮大了自身力量，使其免于被外敌轻易冲击入侵，更开拓了疆域。除了军事上的成果外，赵雍的改革，一定程度上也促进了内部政治和解和民族交流交融的大局，一方面缓解内部以代郡和邯郸为代表的不同文化、政治集团之间的分裂争斗，避免了南北的分裂，增强了国家政权的内部稳定性。同时，相应的改革吸收了游牧民族的优点，推动了民族之间的交流学习、促进了民族交融。尤其是赵雍带头穿胡服、用带钩，束皮带、蹬马靴上朝，破除社会上特别是宗室贵族集团对北方少数民族的轻蔑歧视。在他的带领下，胡服很快在社会民众中流行起来。赵长城修筑后，原先北方少数民族地区的大量民众也向中原文化和生产生活方式靠拢，大批有少数民族出身背景的人得到重用进入政治中心。可以说，胡服骑射改革和赵长城的修筑是各民族互鉴融通的典范。

8

战国时期各国所筑长城有何功能?

“国之大事，在祀与戎”，长城修筑的背景和军事上的攻防不无关联。春秋战国时期，齐、楚、赵等各国均修筑了长城，它们是列国兼并战争的产物，是相互间攻防的壁垒，但又不局限于此。第一，是维持军事攻势的堡垒。公元前 7 世纪，楚国在今湖北竹山至今河南泌阳一带修筑了边境列城，称为“方城”，这是楚长城的前身。“楚盛，周衰，控霸南土，欲争强中国，多筑列城于北方，以逼华夏，故号此城为万城，或作方字。”按《水经注》的记载，楚方城的修筑，主要目的是维持军事上的攻势，为和衰败的周王室争夺中国的正统地位，所以说，它是一个进攻性的，而非防御性的军事工程。第二，兼具障水功能的工事。齐国修筑的齐长城，其前身是壕堑堤堰，障水的水利工程，后来在障水设施上用土加固连接重筑，使其演变成为军防的工具，实现障水和障敌的多重功能。主要是为了防范鲁国、楚国的北上。最早的齐、楚长城是各诸侯国之间进行征战、互相攻防的线性军事防御工程。第三，农业生产的需要。赵武灵王时期修筑赵长城的同时，“命吏大夫奴迁于九原”，将内地的官员、小吏和奴仆部属迁徙到九原（今包头附近）实行屯垦。屯垦就是以兵养田，膏壤植谷，就地筹粮，减省转运之费，解决军队粮食问题，从而增强了边防力量，长城也成为守护屯田的一道防线。第四，起到一定的边境标识作用。《管子·轻重篇》云："长城之阳鲁也，长城之阴齐也。"齐长城的修筑，是在齐鲁交兵不休的背景下进行的。齐和鲁都是周朝时期的正统诸侯国，分布在今山东省境内，地方邻近。齐国强盛，多次和鲁国发生战争。虽然齐国占据上风，但无法吞并鲁国，两国对立日久。为了防御鲁国的北上进攻，齐国选择在南部边境建筑了长城。此长城逐步发展成为两国的边境标识。第五，防御北方游牧力量侵扰。除了齐、楚、赵长城外，战国七雄中的魏沿北洛水修建的长城，燕初由易水的堤防扩建而成的燕南长城，包括中山等国亦各自筑有在内地的长城，这些内地的长城主要是诸侯间互相攻防的产物，但赵、燕、秦3个地处北方的诸侯国，在自己的北部边境也同样修筑了长城，这主要是为了防御北边游牧族人的侵扰。

总的来看，春秋战国时期的长城，主要功能还是"保持自立"和"内拒诸侯"，后来的"北拒匈奴"此时还不是主流。这些长城无论是用于军事攻防，抑或是充当地理边界，都离不开当时天下纷争的大环境。对此，中国近代史学家张维华先生有过简明扼要的评述，"原夫长城之设，即可以为界，亦可以为防，对于当时各国疆域分合的形势，甚有关系"①。他认为，从春秋到战国，天下失去了正统，列国诸侯之间互相争伐，在河流、山谷等自然边界建筑堤防障守，目的是保持军事实力以自立，后来修筑愈来愈密，乃至于战国时期，战争范围扩大，于是连点成线，才有了各国修筑长城的热潮。

① 张维华：《中国古代长城建置考》，中华书局1979年版。

9

秦长城和秦直道有何关联？

我们熟悉的秦长城是指秦始皇长城。秦始皇三十三年（公元前214），秦大将蒙恬率军30万北抗匈奴人，筑长城万余里，以防匈奴人南进。实际上，在战国时期，秦始皇的先祖也修筑了长城，秦始皇将这些战国秦长城和赵长城、燕长城三国长城重新修连起来，就形成了长余万里的秦长城。

相对于秦长城而言，“秦直道”的名字不大为人熟知，它留在《史记》等史料记载里的也是寥寥数语。《史记·秦始皇本纪》载：“三十五年（公元前212），除道，道九原，抵云阳，堑山堙谷，直通之。”《史记·蒙恬列传》中对此也有记载：“始皇欲游天下，道九原，直抵甘泉。乃使蒙恬通道，自九原抵甘泉，堑山堙谷，千八百里。道未就。”《资治通鉴》中亦有记载：“三十五年，使蒙恬除直道，达九原，抵云阳，堑山堙谷，千八百里，数年不就。”我们从历史记载中可以得到几个关于秦直道的基本信息：1. 秦始皇下令蒙恬督造的，修筑起始时间是公元前212年，但没有具体的建成时期；2. 长度约在秦制的1800里，换算下来约748千米，从秦咸阳都城附近的云阳一直到九原郡（今内蒙古自治区包头市附近），这两地的距离约为848千米，可见史书记载基本符合事实；3. 修筑时间长、难度大，不仅是“数年不就”，很可能一直未建成。

关于秦直道修筑的目的，据司马迁的《史记》里记载，是为满足秦始皇巡幸天下的私欲，但这似乎并不准确，从当时秦帝国对直道的主要使用和汉朝等后世使用的情况看，多和军事相关，而历史学界对此的看法更为直接，直道修筑的直接原因是为了应对匈奴人的南下。相同的修筑目的，这就将直道和秦长城联系起来了。秦统一后，匈奴人退居到阴山以北，但实力并没有受到严重的打击，仍然习惯于南下劫掠，威胁着帝国北部边境的安全。为此，在公元前 214 年才集中修筑万余里的秦始皇长城，而长城毕竟只是缓解了草原骑兵南下冲击的攻势，真正依靠的还是快速向前线输送兵力进行抵抗，而这正是直道的主要功能。直道可以说是中国在腹地最早修建的“高速公路”，传闻它使用的夯土土方量达到 1750 万立方米，平铺下来足以绕赤道一圈，直道的宽广处甚至可同时通过 10 余辆大车。而这条秦时“高速公路”的战略意图是以畅通的道路为前线快速运送军队和军备物资，从而对秦长城所在的秦北部疆域进行协防。而陕西等地流传的民间传说也验证了这一点，没有直道的时候，征讨匈奴的军粮从河北、陕西出发，需要走半个多月时间，且耗损严重。直道修成后，快马三天三夜即可抵达，军备物资运送的时效性得到了极大的提高。

横有秦长城，纵有秦直道。秦直道这条纵贯河套，被当地人称为“圣人条”[①] 的宽阔大道，与横向连绵的长城相交，在秦北部边疆建立起一个“T”字形防御体系。秦直道是矛，是快速向前线投放军力的进取之矛，长城是盾，是化解铁骑爆裂冲击之势的厚重之盾，两者相交，共同应付来自北方的威胁，维护秦朝的安定和统一。秦直道，尽管后来随着中原王朝政治统治中心地东移，沿线地理环境的严重恶化，而湮灭于尘土之中，但它和长城一样伟大，它的名字应该得到世人的铭记。

① 圣人条：条，是胡语里面“道路”的意思。

10

秦始皇修长城真的只是统治阶级施加的暴政吗？

秦始皇不是修长城的第一人，战国齐、楚等国均修筑了各自的长城，且早于秦国。但秦始皇是“大长城观念”的实现者，是真正创造“万里长城”的人，他统一六国，连接战国长城并大规模进行修筑，形成了长余万里的伟大人类杰作。不论在史书记载中，还是在民间传说故事中，秦始皇与长城都是具有强力话语黏性的，一提及长城，必然无法绕开秦始皇，一说到秦始皇，也不得不说到万里长城。

但这种极强的话语黏性跟随的评价却基本是负面的。一方面，在《史记》《汉书》乃至于后代官修史本中，比较一致性地遵从秦始皇修筑长城是暴政亡秦的叙述逻辑。秦修长城是始皇帝不行仁义、以严刑苛法治国的例证，万里的长城愈加雄伟坚固，越显示出对民众压迫愈甚。例如西汉桓宽所著史书《盐铁论》中，记载了当时儒家名士的主流看法。秦有坚固的四塞、万里的长城，数不尽的良将勇士和先进的攻战利器，然而却被没有将帅经历的戍卒陈胜轻易攻破，长城没有发挥出墙篱的作用。因此，这些名士贤良得到了治国“在德不在固”的结论，对秦修长城是深不以为然的，甚至将其归为无德、失政的象征。万里长城并非秦政权的“护身符”，反而是秦的“催命符”。

而另一方面，民间舆论系统中，对秦始皇修长城的叙述也很丰富，主要的载体是有关“秦始皇是如何修筑长城的”的传说故事。相关故事中，主要的叙事线索是秦始皇压迫民众修造长城，民众不堪其苦，天上有神人帮助民夫翻山运石修成了长城。当然，无法回避的还有孟姜女哭长城的传说故事，秦始皇修长城抓民夫、孟姜女寻夫哭倒长城都是民众口耳相传的经典剧情。这些故事当中，多出现的是秦始皇穷凶极恶的暴君形象。

官方和民间一面倒的评价，一方面的确有其合理的依据，万里长城工程巨大，在短短始皇帝一朝时间内修成，长城劳役的艰难可以想见，也由此引发秦后期的政治动荡和农民起义。另一方面，或许也是后世的一种误读。谭嗣同曾直指“二千年来之政，秦政也”[①]，秦作为第一个统一王朝，秦始皇创立的以中央集权为核心的大一统政治遗产得到继承，长城也是维护和平、保护农耕、延续文明的重要造物，得到历朝历代的沿用。但这种基于现实主义的判断，显然并非历史上的主流声音。随着秦的覆灭，汉王朝的兴盛，儒家思想的地位逐步提高，儒教占主流意识形态，道德成为衡量的最高标准。从道德维度出发，对秦政、秦始皇乃至长城的评价都相对负面。对长城而言，“金城为固”不敌“道德为塞”。对秦始皇本人和修长城功业的褒贬，反映了后世稳定的儒家政治传统和道德批判原则继承情况，而放大道德、以其为唯一标准来检视定义秦始皇，显然滑向了另一个极端。

◎ **延伸阅读**

唐太宗对修筑长城的看法

《唐会要·鞑鞨》记载了贞观十四年（640）唐太宗对历史上各朝夷狄政策的看法。他认为动武出兵驱逐夷狄，并非上策，像汉武帝对匈奴动兵，导致国家虚竭，是为“下策”，而最错误无效的便是秦始皇北筑长城，招致人神怨愤。因此，唐太宗决定弃修长城，发展文治武功来安定边疆。这种威慑力基于英明统治者的文韬武略，随着中央集权的加强而不断得到强

① ［清］谭嗣同：《仁学》，中州古籍出版社 1998 年版，第 169 页。

化。唐中后期统治者怠政，对中央集权不断放松，最终导致藩镇的军事割据。在经过安史之乱的冲击后，这一情势急剧恶化，致使需要长城防卫时，长期失修的长城已经无法发挥它应有的作用了。

11

北朝十六国时期修筑的秦王城、统万城和长城有何关联？

北朝十六国时期是中国古代历史上一个特殊的时期，有人称之为“短暂而黑暗的纷乱时代”。这一时期，以匈奴、羯、鲜卑、羌、氐为主的众多民族入主中原。这些族群势力几乎在同一时期进入中原，彼此之间争斗不休。从 304 年刘渊同李雄分别建立汉赵（史称前赵）政权开始，到 439 年北魏拓跋焘统一北方，短短 130 余年中，一共经历成汉、前赵、后赵、前燕、前秦、前凉、后秦、后燕、北燕、南燕、后凉、南凉、西凉、北凉、西秦、胡夏等 10 多个短命政权的快速更迭，有的甚至只维持数年，就被下一个政权推翻。

西戎、羌、鲜卑、匈奴等，大都和秦有一定的渊源。比如最早进入中原的匈奴人，他们在东汉末年就生活在陕西北部和陕西中部；氐人在陕西、甘肃等地定居；羯人在山西一带，他们兴兵后也率先占领了这些地区建立统治。可以说，北朝十六国这些短暂的朝代都是由在秦朝的疆域内生活的族群建立起来的，他们统治的也多是秦之旧域。为了给自身政权确立合法性，他们选择对强盛的秦、汉两大帝国进行“攀附”，从政治制度上因循秦汉旧制，将秦汉关中腹地作为正统的政治中心进行争夺，行事上往往自称两大帝国的合法继承者，比如刘渊的前赵采取汉朝官制，他本人也自封汉王以承继汉朝。再如前秦、后秦、西秦等国的领导者，纷纷以秦王、大秦天王等自号，进占关陇，以秦咸阳城为国都。可以说，北朝十六国时期这种从血缘、政治、文化、国都选址等方面都攀附秦汉的现象，反映了周边民族对秦汉历史上统一的强盛帝国的羡慕与认同。这一时期，同样也是农耕游牧文明融合、民族大融合的重要见证时期，虽然经历了北方少数民族内迁和对正统的争夺，造成了中原地区动荡混乱的局面。乱世之中，出于互相攻伐的战争需要，各民族对秦汉前人所筑工事的整修十分频繁。譬如前秦大修秦王城、胡夏蒸土筑统万城等等，都是对原有防御工事的再升级，和原本的长城建筑形成立体的防御体系，主要功能除了防御外，更是作为正统的自我标举。例如，胡夏的赫连勃勃对统万城寄予“一统天下、君临万邦”的政治愿望。但在修筑的过程中，出现了很多虐杀劳役的情况，唐初李大师、李延寿父子修撰的《北史》就有监造统万城的大将叱干阿利“杀作人而并筑之”的记载[①]，他命人蒸土砌墙，验收时用铁锥插入，入墙有一寸的便将砌墙的役卒杀掉，将其尸体筑入城墙内。外在是北地频频战乱动荡的时局环境，内在又有统治者杀人筑城骄虐妄为的行为，给汉地民众带来了苦难的记忆。这些情感记忆也由于北朝十六国和他们追慕秦汉的联结，依附在秦汉长城之上，尤其加注在有相似情感记忆的秦始皇和秦长城之上，让这个千古一帝和他下令修筑的长城的形象更加晦暗。

---

① ［唐］李大师、李延寿：《郝连屈丐》，《北史》第四册，汉语大词典出版社 2004 版，第 2505 页。

12

汉长城修建和经营丝绸之路有关联吗?

万里长城和丝绸之路，都是长地理跨度的线路型的世界遗产，两者一为军事工事，一作贸易之用，似乎相隔甚远，但长城和丝路之间的关联，远比我们想象得要更加密切。从形成时间来看，长城是从春秋战国时期（最早约公元前6世纪）出现，在秦始皇时期第一次形成万里的规模形制。两汉时，统治者对秦长城进行了进一步修缮和新建。尤其是汉武帝时期，经历过文景之治，国力逐渐强盛，对外采取积极防御的政策，配合向西、向北对匈奴人等的军事活动，开始大规模修筑长城。丝绸之路出现的时间则相对较晚，它出现在公元前2世纪的西汉，汉武帝派遣张骞凿空西域，首度建立起中国到西亚、欧洲的商贸通道。

从地理位置来看，秦长城东起辽东（今辽宁省东部和南部以及吉林省的东南部地区），西至临洮（今甘肃省定西市岷县）。汉武帝修复和扩建了秦长城，向西延伸至玉门关（今甘肃省敦煌西北部）。丝绸之路有不同的分段线路，《汉书 · 西域传》记载：“从鄯善傍南山北，波河西行至莎车，为南道；南道西逾葱岭则出大月氏、安息。自车师前王廷随北山，波河西行至疏勒，为北道；北道西逾葱岭则出大宛、康居、奄蔡焉。”丝绸之路整体大致从东向西行进，东段是从都城长安（今陕西省西安市）到玉门关、阳关，中段是从玉门关、阳关到葱岭，西段从葱岭一直向西抵达中亚、西亚乃至于欧洲。所以，长城和丝绸之路在地理走向上大致都是东西向，两者有很多位置的交叉，比如玉门关、阳关是两者的重要交汇点。而且过两关之后，越往西去，两者重叠的程度就越高。虽然往西去后，长城

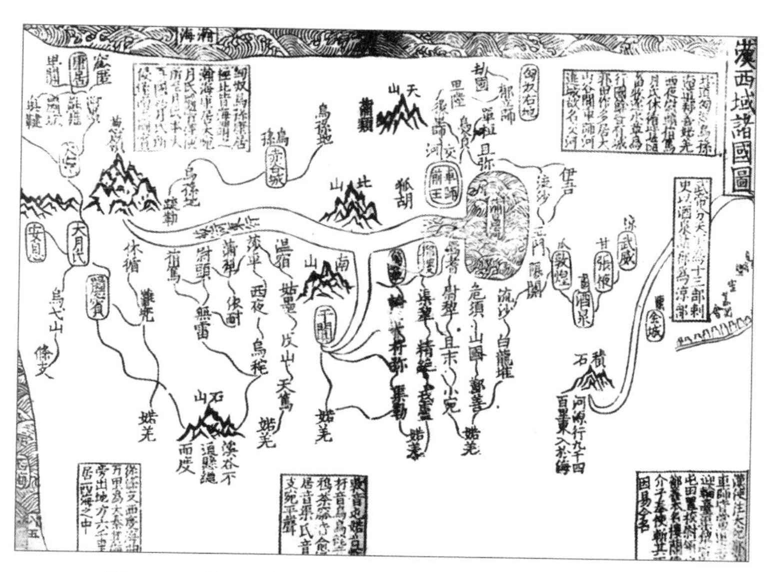

图 1-6 《汉西域诸国图》雕版墨印本（北京图书馆藏）

不再是传统的连绵墙体建筑，而是为适应地广人稀、沙漠气候，隔一段距离便以烽燧的形式出现。例如，汉时沿着丝绸之路南北两线，在河西走廊张掖以西以及居延泽（今内蒙古自治区阿拉善盟额济纳旗北部）、弱水沿岸兴建了大量烽隧。

汉时，长城和丝绸之路在时间上的相近、地理上的重叠并非偶然。两者的形成都有共同的背景，就是汉匈之间的战争。张骞第一次出使西域各国，是受汉武帝刘彻派遣，主要目的是联合大月氏夹击匈奴。大月氏和匈奴一样，都是草原上的游牧部族，公元前 2 世纪以前居住在中国西北部，后被冒顿单于逐出故土，迁徙到了中亚地区。张骞返回后向汉武帝报告西域情势，刘彻重新调整了对外政策，改为更积极地“向西看”，派遣贰师将军李广利远征大宛，向西宣扬大汉的统治，想要实现“广地万里，重九译，致殊俗，威德遍于四海”的目标。为了巩固胜利成果，加强对归顺国家的管辖，汉朝政府一方面在乌垒、渠犁等地屯田驻军，设置了地方管辖部门（西域都护府）。同时，为了进一步促进和西域诸国的交流，朝廷招募了大量商人带着本土货物如丝绸、茶叶等到西域各国经商。这些商人取得了在商业财富上的巨大成功，吸引了更多人从事长安与西域的贸易活动，才逐渐形成了丝绸之路，为汉朝政府提供了大量的税收财富。出于保护税收，管理新征服区域和向西商路（丝绸之路）的需要，出于对匈奴与汉朝在塔里木盆地的反复争夺与丝路上强盗横行的状况考虑，为了加强对西域的控制，汉朝设立了西域都护府，并通过大规模设置烽火台增强军戍力量，汉长城进一步得到延展。从这一角度来说，汉长城和丝绸之路是重叠的，是互为表里的，是汉用作西进发展的工具。

长城绵延，丝路翩跹。长城和丝路，既见证了我国历史上农耕和游牧的冲突、交流和融合，也同样推动了东西商贸经济往来、文化交流和文明互鉴。以汉长城、丝绸之路的建成为标志，东西方交流开始进入空前繁荣的时代。而丝路、长城蕴含的是和合、是共赢、是文化融合，这种意志和追求一直是我们的文明文化重要的精神内核，是我们在历史上留下的尝试构建人类命运共同体的生动足迹。

13

汉文帝后元二年《遗匈奴书》为何用长城作为汉匈分界线?

长城是否是古代的边境线？这个问题的答案，在不同的时空环境下是不同的。比如，在历史上的战国时期，部分的长城的确作为边境线存在。当时，诸侯国之间出于相互攻防的需要，开始大规模在边境处修筑长城。

例如齐国修筑的齐长城，如《管子·轻重篇》所载“长城之阳鲁也，长城之阴齐也”，是鲁国、齐国的分界线。随着合纵连横情势的变化，楚国势力逐渐向北扩张，威胁齐国安全，齐宣王选择将齐长城向东延伸修至海边，向西到济州，用以全力防备楚国。除了齐长城在齐、楚、鲁之间担任边境防御角色，燕、赵、秦三国也都面向北部边境筑起长城，用以防止草原部族南下。这些是出于防御的需要，长城是军事的战略防线，但并不是直接的边境线。

时空环境改变，秦始皇一扫六合，联结战国齐、赵、燕等北部长城，并使蒙恬北筑长城并坚守藩篱，将匈奴人向北驱离 700 余里。胡人不敢南下而牧马，士不敢弯弓而报怨。北逐匈奴后，秦始皇长城主要是为了防备匈奴人的侵掠，而非真正的北部边境。汉承秦制，在继承秦的领土的同时，也不可避免地和匈奴人势力相接。

秦末汉初，匈奴冒顿单于杀死其父头曼单于，东击东胡，西攻月氏，南并楼烦、白羊河南王，统一了匈奴各部，势力逐渐强盛起来。当时，秦末战乱，中原缺乏精力北顾，冒顿单于趁机进入秦境，夺回被蒙恬所攻占的土地，包括朝那（今宁夏回族自治区固原市东南）、肤施（今陕西省榆林市南鱼河堡附近）等地区，直接威胁到秦朝北部的统治。

公元前 202 年，刘邦称帝，大封诸侯，韩王信封地在北地马邑地区（今山西省朔州市）。韩信后和匈奴人联

續後漢書　卷六十六上上　七五二

遺漢書。則曰天所立匈奴單于敬問皇帝無恙。漢遺匈奴書。則曰皇帝敬問匈奴大單于無恙。及中行說教單于據約傲漢。漢遺單于書以尺一牘。說乃令單于以尺二牘。及印封皆令廣長大。倨驁其詞曰天地所生日月所置匈奴大單于敬問漢皇帝無恙。漢亦依違報之。至孝武大伐匈奴。而書問遂絕矣。（原注：自漢交匈奴諸事，皆見外夷北狄傳。）高后時南粵王趙佗自尊號爲南粵武帝。孝文即位。賜佗書曰皇帝謹問南粵王甚苦心勞意。脫高皇帝側室之子。佗因爲書謝稱蠻夷大長老夫臣佗昧死再拜上書皇帝陛下。此又中國以禮服外夷之制也。（原注：事見外夷南蠻傳。）建武初。鄧禹承制命隗囂爲西州大將軍。囂乃遣使詣闕上書。光武報以殊禮。言稱字。用敵國之儀。其後復報以手書。又使來歙奉璽書喻旨。及囂反。始絕。公孫述僭號於蜀。帝與述書。署曰公孫皇帝。此又中國與僭國之制也。逮夫三國。漢吳用敵國禮。吳於魏始上書稱臣。既受封爵。乃奉表謝。其後遂絕。不復通。故敵國國書始見於漢吳。至晉宋南北之際。其制滋多。皆戰和安危所繫。國脈民命之所在。王言之尤重者也。

詔。孔子定書於虞、夏、商、周之際。始見誥誓命之文。皆王言也。故禹誥曰。誓於師。湯誥曰。明聽予一人誥。說命曰。王言惟作命。至周而王與諸侯皆曰命。王曰王命。諸侯曰公命。故大宗伯有典命之職。封爵則有五等之命。車服則有九等之命。（原注：周禮典命掌諸侯之五儀，諸臣之五等之命，上公九命爲伯，其國家宮室、車旗、衣服、禮儀，皆以九爲節。）建官則有策命。（原注：左氏傳：王命內史叔興父策命晉侯爲侯伯。）賚予則有錫命。（原注：春秋文公元年，天王使毛伯來錫公命。）褒美則有追命。（原注：春秋莊公元年春，王使榮叔來錫桓公命。）而詔之名未

图 1–7　典籍中关于《遗匈奴书》《遗汉书》的记载

合南下攻汉。刘邦率军北上，陷入白登之围中差点被俘。白登山实际上是在汉朝境内腹地，就在山西大同附近东北部，还未过黄河北，处在秦长城境内。可见，前、后套地区的秦长城和秦境的北部地区已经陷入匈奴人手中，长城已经不能作为抵御匈奴人的前线阵地。刘邦用计脱围后，匈奴人引兵北去，汉同样罢兵，与匈奴人结和亲之约。刘邦与冒顿单于更“约为昆弟”，彰显汉匈如兄弟一般友好亲密。汉朝每年送给匈奴人大批棉絮、丝绸、粮食、美酒等，匈奴人则承诺不南下侵扰汉境，两者基本隔长城相安无事，互不侵扰，汉匈的关系得到暂时的缓和。两个“邻近之敌”转为“兄弟之好”。高祖乃至文景二帝时期，改以休养生息为主，这种汉匈友好、兄弟相称相处的模式，在当时的官方往来文书（主要是文帝给单于的《遗匈奴书》、单于给汉帝的《遗汉书》）中十分常见。最为频繁的是在文帝时期，如文帝前元六年（公元前 174），汉遗匈奴书曰：“汉与匈奴约为兄弟，所以遗单于甚厚。”文帝后元二年（公元前 162）再次派遣使者遗匈奴书曰：“先帝制：长城以北，引弓之国，受令单于；长城以内，冠带之室，朕亦制之。使万民耕织射猎衣食，父子毋离，臣主相安，俱无暴虐。……朕追念前事，薄物细致，谋臣失计，皆不足以离昆弟之欢。”这里所说的“先帝制”，即汉高祖刘邦和匈奴冒顿单于确定的隔长城互不侵扰的决定。但这种平衡是脆弱的，汉匈双方均指责对方率先违背兄弟之约，例如文帝前元六年的《遗匈奴书》：“汉与匈奴约为兄弟，所以遗单于甚厚，背约离兄弟之亲者，常在匈奴。”指责背弃盟约的常常是匈奴。而在文帝前元四年（公元前 176），冒顿单于《遗汉书》则正好相反：“汉边吏侵侮右贤王，右贤王不请，听后义卢侯难氏等计，与汉吏相距，绝二主之约，离兄弟之亲。”可见，汉匈双方的信任和“昆弟”关系是脆弱的，注定不能长久，长城并无法成为汉匈分治的界限，到文帝时期两者的矛盾和猜疑已经无法掩盖。在这期间，匈奴不守承诺，屡次寻衅对汉边界进行侵扰劫掠，最终在汉武帝时期随着国力强盛，一举扭转了这一局面，向北重新夺回河南地，重新掌控了这一段的长城。而后，在燕赵长城基础上继续向西，连接秦长城的燕国、赵国部分，又经敦煌、阳关、玉门关直至西域修筑汉长城，进一步扩大了汉朝的统治。到此时，汉长城并非中国的边境线，也并非“同族兄弟的院墙”，而是向外彰显强大自信大汉、保障丝路经贸文化交流的重要标志。

14

将长城打入“冷宫”的盐铁会议的争议集中在哪些方面?

经历文景之治，通过休养生息积蓄足够的能量后，汉朝奉行积极防御的政策，弃用原先的部分秦长城，在原来的战国长城的基础上再次修复起来百余座烽火台，并在北边设置右北平、渔阳、上谷、雁门等郡，派遣大将驻守，尽可能降低匈奴入侵造成的损失。汉武帝时，国力强盛，开始扭转这一趋势，派遣卫青出击草原，从阴山出发，折向西北，拿下黄河河套，再折向南，接连击败楼烦王、白羊王，河南地再次被汉朝控制。配合北击中原，武帝实施积极的财税政策，即实行盐铁榷输政策，为对匈战争做好准备。

在武帝之前，汉朝实行无为而治，盐铁交易由民间自行进行，盐铁税收多被地方豪强把控，中央政府并不得利。到武帝朝，为打击盐铁市场囤积居奇的乱象和地方豪强的势力，增加中央政府的财政收入，刘彻接受了商人孔仅和东郭咸阳的建议，实行盐铁官营，严禁私人铸铁煮盐，这项工作就由桑弘羊主持。孔仅是南阳地区冶铸业的首户，东郭咸阳是齐地煮盐的大商人，这两个商人因建言盐铁策进入朝廷，从而获得官身。而桑弘羊，虽也是洛阳商人的儿子，但在当时已经是颇为受宠的朝臣。据历史记载，桑弘羊从小善于计算，年仅13岁就入仕，在汉武帝一朝，其历任侍中、大农丞、治粟都尉、大司农等官职，一路得到汉武帝的赏识，成为汉武帝的心腹近臣。许多武帝一朝的算缗、告缗、均输平准、币制改革以及酒榷等多项重大经济改革工作，都是由桑弘羊一手推动的。

然而盐铁专卖政策实行数十年，到昭宣时期却越来越多地引发巨大争议。这其中最大的声音，来自汉昭帝始元六年（公元前81），当时中央层面爆发了激烈的政策辩论，史称“盐铁会议”。这次会议核心是关于是否废除专卖政策的讨论。桓宽的《盐铁论》记录了这次讨论的过程和结果。政策讨论或者说党派权力争斗的双方，一方是武帝时就已任用操执财政的大夫桑弘羊和其追随者，另一方则是武帝临终托孤的大将军霍光和他纠集起来的地方“贤良文学”。“贤良文学”是指通过汉朝自汉文帝时期就实行的一项选拔人才的科目，选拔出来的“贤良方正能直言极谏者”。双方围绕财政政策、边策等进行了激烈的辩论。

讨论的焦点，就是盐铁榷输的弊利。霍光推出来的贤良文学列举了盐铁政策的种种弊病，认为盐铁之利是与民争利，不能给民众带来便利，反使百姓困乏，“未见利之所利也，而见其害也”。如此立场，一方面是基于儒家重视的义利道德观念；另一方面，则是有现实利益驱动。这些各地的官员、知识分子，作为地方利益团体，对桑弘羊和强中央、弱地方的盐铁官营政策诟病久矣。而桑弘羊等大夫则提出官营可以积累国力，壮大军事，“蓄货长财，佐助边费”，还可以杜绝地方豪强垄断并兼的情况。

由此可以看出，盐铁官营政策不仅仅是财税政策，不仅仅是央地资源分配的矛盾问题，更与边策相关。专卖政策可以筹措军费保境安民，武帝即是为解决对匈战争、用于边境防卫的费用而设的。废止专卖制度，直接影响边境防卫和对匈奴的关系。

根据《盐铁论》记载，大夫派和贤良派都认可边策边境的重要性，认为“边境强则中国安”，边策关系到国家大业，但在保证边境安全的方式上存在分歧。大夫派主张加强边境武备，主要的手段就是修筑长城和募兵备战。而贤良派认为，守国以仁，强调仁政而非武功，能带来边境安宁，认为应以历史为鉴，罢关塞、去边障、废长城和避战。贤良派认为，通过对匈奴恢复和亲，施加恩德，匈奴会变得可信也会归附汉朝，届时将“无胡、越之患”。

盐铁会议本质是武帝离世后、幼帝无力掌控朝政，朝堂陷入政治斗争和权力争夺的结果，是霍光安排了地方儒生贤良来反对政敌桑弘羊的战场。霍光、桑弘羊都想抓住机会攻击对方从而掌握这场政争的主动权。会议最终以“霍进桑退”为结果，尽管并未直接废弃盐铁专卖，但桑弘羊同意酒类专卖政策就此放开，这已经是胜败的预示。作为政争的结果，霍光夺得了朝堂主控权，采取与武帝和桑弘羊主张的积极财政军事政策截然相反的政策，在汉昭帝至汉宣帝在位初期，又再度恢复了汉初休养生息的措施，对外也通过恢复和亲缓和了同匈奴的关系。这段时期被后世称为“昭宣中兴”，汉朝国力得到一定的恢复，但长城也进入到一段被当权者忽视的黯淡期。即使如此，在这一时期，武帝时修筑的长城仍然默默戍守，一直在发挥守卫和平和商路繁荣的作用。

◎ **延伸阅读**

“盐铁榷输”的含义

榷的本义是“一种外形似鹤颈的城门吊桥”，吊桥设在城门口，由守城者掌控，可以灵活升降起伏。因此，“榷”具有专一性（只有一座桥才能出入），同时容易受人力操控。“榷”可理解为“税”的原因，即来源于此。盐铁榷输，就是控制盐铁买卖交易税收的意思，这个唯一的控制者就是国家，它将盐铁的经营收归官府，实行专卖。

“无为而治”的含义

“清静无为”是道家的核心理念，老子认为“我无为，而民自化。我好静，而民自正。我无事，而民自富。我无欲，而民自朴”。强调统治者不要过多干预社会生活、不要过于约束臣民，这种通过“无为”达到治理的政治策略被称为“无为而治”。西汉初期，统治者笃信黄老之学，实行“无为而治”，与民休养生息，促进汉初经济快速恢复和发展。

15

长城的修筑仅在北方吗？

“北国风光，千里冰封，万里雪飘。望长城内外，惟余莽莽。大河上下，顿失滔滔。”脍炙人口的名篇《沁园春·雪》，描绘了一幅北国图卷，长城与冰雪相伴，呈现出一派典型的北国风姿。最早大规模修筑长城的秦汉时期，长城主要承担抵御北方匈奴的功能，因此，多选在北地边境地带修建，从山海关到嘉峪关的万里长城，“北方的”是长城的定冠词。

事实上，长城修筑还有更加灵活的地理空间选择，比如南方长城。南方长城，也可以称作“苗长城”，它同我们看到的保存最好的长城一样，都是明朝时修筑的。北方长城修建的主要目的，是为了防御游牧民族南下。南方长城的实际作用，却不同于北方长城的军防需要，而是起到治理多民族聚居区的作用。长期以来，西南湘黔地区多民族混杂，苗、瑶、侗等少数族裔相对封闭，习惯内部自治，游离于政府直辖统治范围以外，内部常有纷争。为缓解纷争，于是有长城修建。例如苗长城，主要作用就是将所谓的“生苗”与“熟苗”地区隔开。

有修建长城的想法之后，必须要选择可修建的地理位置。这一位置必须在湘黔地区具有足够的战略性，在扼要边镇的同时，必须要有足够的、快速的军事和物资投放通道。凤凰（在今湘西土家族苗族自治州境内）成为朝廷慎重考虑后的长城建造的首选地。据《明史》记载，凤凰是“古巫（巫郡）、黔（黔中郡）极北地”，是历史上形成的战略要地。公元687年，唐朝将凤凰从麻阳县分出，成为独立的县治，时称渭阳县，属锦州卢阳郡。南宋嘉泰三年（1203），在凤凰设置五寨司，属思州军民安抚使管辖。元朝沿袭此制，并正式在湘西地区设立土司制。土司制是封建王朝时期针对非汉民族地区设计的地方政权组织形式和制度，朝廷分封地方的民族首领，即土司土官，使其“世有其地、世管其民、世统其兵、世袭其职、世治其所、世入其流、世受其封”，从而笼络地方民族上层，保证其与中原王朝的隶属关系稳定。在元代建立土司制度以前，有羁縻制度，都是以宣慰教化为主、适应少数民族地区特色进行管辖的方式。

明又承元制，洪武七年（1374）置五寨长官司，永乐三年（1405），改置筸子坪长官司，分管苗寨，仍属保靖宣慰司管辖。嘉靖三十三年（1554），置镇筸协，“筸”是湖南的通用地名，“协”是军防区，镇筸协就是镇守湖南的军分区，镇筸协即在五寨，镇筸城同五寨司城一样，也是凤凰的另一称谓。隆庆三年（1569），在凤凰山设凤凰营。这一时期，湘黔地区动乱纷起，五寨司的苗族等多次反抗朝廷，生、熟苗之间的冲突难以控制。

万历四十三年（1615），朝廷决定在镇筸协区域内修筑边墙，用以缓解冲突带来的伤害。据记载，这道边墙从 1615 年初动工，到 1616 年夏建成，共使用营哨兵士、民工、工匠上万人，筑成青石砖为主的长墙，覆盖凤凰全境，连接湘黔交界，延伸到邻近的镇溪千户所及喜鹊营（均为今吉首市辖区），全长约 320 余里。后在天启二年（1622），又进行了添筑，加长了 60 里，共计 380 余里。

清入关后，康熙提出“不修长城”，但对南方苗长城，仍然继续使用，甚至进行扩建，陆续修造了 1232 座碉楼、炮台、关隘、哨卡、汛堡等配套建筑，以及囤积粮食的粮仓、火药库、军屯等。军屯的构成主要就是由长城附近的熟苗、汉民构成，由官府进行军事化管理和屯垦生产。严密的防区设置，让靠近生苗的郡县和苗疆的贸易交往受到管控监视。到康熙四十三年（1704），苗人向化，原先的土司被裁撤，转而以设置通判，更近一步将苗疆地带纳入朝廷直接管辖的范围内。苗长城原先的功能也逐渐弱化，多半形同虚设，最终成为湘西的一道历史风景。

“总说长城在北方，岂知南方有巨防。凤凰城外云盘岭，碉卡巍巍壮西湘。”这是长城学者罗哲文初见苗长城时所作的诗。尽管这道令他激动的南方长城，至今并未被纳入国家文物局认定的长城体系当中，但罗哲文等认为，南方的苗长城无论从长度、建制等，都和明在北方修筑的长城相似，应当被纳入明长城体系当中，成为万里长城家族中来自南方的一员。

◎ **延伸阅读**

“生苗”与“熟苗”的区别

“生苗”是指长期坚持原始的部族生活方式，很少与编户齐民往来的部族。与之相对的“熟苗”，是靠近郡县居住，并向地方官缴税纳贡的苗民。生、熟两者最大的区分，即是否接受地方政府的管理。在当时的明朝统治者看来，生苗地区“蛮荒”，族群野蛮不开化，不好管理。而且许多所谓的生苗内部，常常存在地盘纷争，引发的大规模冲突十分频繁。官员也不愿意来这里任职，以致当时明朝任用苗地官员，有一条规矩，就是在任内3年辖地没有发生苗族的反抗斗争，便可从优升迁。在这种被动的局面下，明朝为了减少冲突对地方秩序的冲击，在难以通过有效介入管理的基础上，自然希望有如长城这样可供隔挡的工事助其对地方安定加以掌控。

16

长城的修筑者只是汉民族吗？

提到长城，有很多误解。比如有人将长城理解为汉民族的长城，认为长城是汉民族的“生命线”，只有汉族才会修长城。实际在历史上，却并非如此，很多的非汉民族都主动参与了长城的修筑。长城是中华民族共同的长城，共同的“生命线”。例如，北魏等建起的北魏长城，女真人建造的金长城，等等。北朝时期的魏长城是首条由非汉民族统治集团主持修建的长城。

东汉时期，北匈奴被汉朝军队攻破，匈奴残余势力向西北退缩，而原先在北境活动的鲜卑、乌桓等少数民族逐渐内附，迁入长城以内定居，魏晋时，已经和汉族有杂居的情况出现。但好景不长，三家分晋后，历史进入到一个大分裂、大动荡、大融合的南北朝时期。纷乱的、分裂的时局环境，让长城内外的烽火重燃，而北部地区主要就集中在两个游牧民族之间，一个是鲜卑，还有另外一股力量是柔然。

鲜卑，原本是生活在东北白山黑水之间的一支游牧和渔猎部族，与纯粹的游牧民族不同，他们处在一个中间的过渡地带。他们在东汉之后逐渐进入长城以内，兼并多个割据的政权，一统黄河流域。鲜卑进入中原后，奉行比较鲜明地向中原文化学习的政策，不仅迁都到了中原文化的中心洛阳，更从经济结构上也在向中原农耕文明靠拢，成为农耕地区新的守护者。而柔然，又称“蠕蠕”，是继匈奴之后，又一股快速兴起的游牧势力。柔然源于东胡，4 世纪中叶附属于鲜卑拓跋部，后逐渐势大。柔然最盛时，遍及戈壁沙漠南北，东到朝鲜，南抵阴山北麓，与鲜卑建立的北魏相邻，北达贝加尔湖畔与色楞格河，西边远及准噶尔盆地和伊犁河流域，并一度进入塔里木盆地。为应对北方柔然的不断扩张，以及其他北部少数民族突厥、库莫奚的劫掠，游牧民族第一次代替农耕民族，自主地修筑了长城。《魏书》记载魏北长城建筑的经过：“蠕蠕不羁，自古而尔。游魂鸟集，水草为家。中国患者，皆斯类耳。历代驱逐，莫之能制。……谓淮旧镇东西相望，令形势相接，筑城置戍……”①北魏虽为北方的鲜卑民族，入中国则自称“中国”，

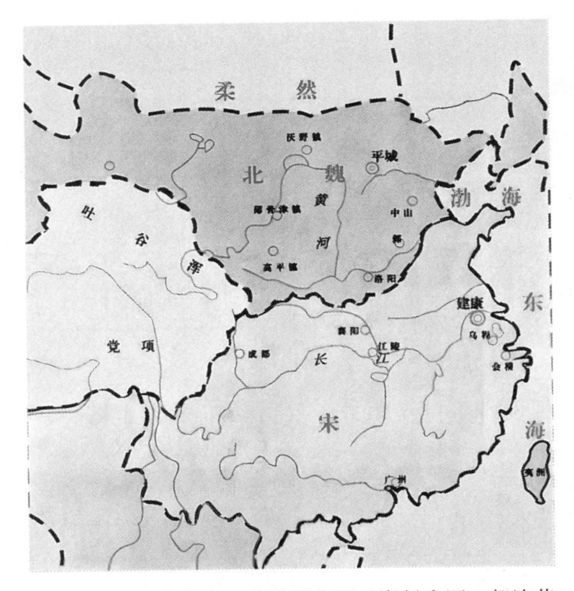

图 1-8　南朝宋、北魏形势图（资料来源：郭沫若《中国史稿地图集》）

① ［北齐］魏收：《魏书・列传二十九》，大众文艺出版社 1999 年版，第 614 页。

将蠕蠕鄙视为“夷”，筑长城将其隔离在外。据考古学者估算，魏北长城长达 1000 多千米，从河北赤城以东向西北的巴彦淖尔延伸，在当时起到了防御作用。

和建筑魏北长城的鲜卑一样，金长城的建造者——女真人同样来自白山黑水，也是一个混合游牧、渔猎采集的民族。女真人入关建立金国后，为防御北方的塔塔儿和蒙古诸部，在大兴安岭区域所建造的壕堑，即金界壕，也是长城的一种形态。金界壕全长达 4010.48 千米，占了长城总长的五分之一，这也是在我国长城历史上，分布最北的古代长城。金界壕主要分布在今中国内蒙古自治区境内，在黑龙江省、河北省亦有分布，部分地段在今蒙古国境内。金界壕的修建，在一定程度上起到了控制蒙古诸部，安定金朝北部边疆的作用，但由于金朝的民族歧视和横征暴敛引起了蒙古诸部族的不满，长城也未能阻止蒙古族最终跨过金界壕并击败金朝。

清初，康乾之时，帝国的统治者们对长城不以为然，认为明朝以人力修长城徒劳无功，甚至留下了“不修长城”的圣训。但尽管以长城为无用，但实际上从康熙朝开始，清朝并未停止对长城进行定期修葺和补筑，长城仍然起到一定的内防作用。

在中华大地上，包括魏北长城、金界壕在内，非汉民族在各时代修建的长城，同汉民族修建的长城，这些形态各异的长墙，凝聚成一个强大的整体——中国的万里长城。这是古代各族先民们留给我们的珍贵文化遗产，它们记录了农耕、游牧力量在推拉摇移中，不断交流交融到难分彼此的历史。所以，长城才会被视为中华民族的一个代名词，它与这片土地上的每一个民族、每一个人都休戚相关。

17

古代修长城需要多少人力、物力、财力？

长城是世界历史上人力所成的奇迹，那么修造它到底花了多少人力、物力和财力？相关的结果当然和修筑的长城长度、地理位置、季节天气、建筑类型等因素息息相关。修筑长城，一类是大规模新修，一类是修缮，两者使用的人力物力差异甚大。

每次修筑长城耗费人力从数万到百万不一。长城修筑的时期，并没有现代化工具，所以在修筑长城的过程中，以人力为主，所使用的人力非常大。以秦始皇修长城为例，根据专家研究结果，秦始皇修长城花费了 10 余年的时间，总共动用了180 余万的劳工，差不多是秦当时全国人口的十六分之一。北魏时也大规模修建长城，据《魏书·世祖记》记载："丙戌，发司、幽、定、冀四州十万人筑畿上塞围。起上谷，西至于河，广袤皆千里。"修筑的时间，是从太平真君七年（446）六月至九年二月，京畿地区东缘、南缘塞围竣工，大致持续 600 天。相比于秦始皇时期，使用人力 180 余万，工期 10 年，大约每万人每年修筑 8.3 里长城；到北魏时期，由于技术、地理位置等原因，修筑长城的效率显著提高，大约每万人每年修筑的长城长度已经从 8.3 里提高到了 60 里。除了这类新修建的长城，还有一类是以修缮为主导，相比于秦长城、魏北长城，是一个短期工程，工期往往数旬到数月不等。比如东魏武定元年（543）盛夏，北魏分裂出来的东魏政权，在原先魏北长城基础上进行修缮，"召夫五万于肆州北山筑城，西自马陵戍，东至土隥，四十日罢"。长城修缮工程所使用民夫在数万人左右，月余便完工。

每次长城修筑耗费的物力颇巨。以夯土制长城为例，山西以西的明长城城墙体平均高约 4—5 米，墙基平均宽 4 米，按照张驭寰教授在《古建筑勘察与探究》中所做的大致测算，如果采用夹板脚手架的夯筑方法，一版长（约 4 米）的城墙用土量，约需 75 立方米黄土，一座烽火台的用土量约为 800 立方米。高等教育出版社 1985 年出版的中等专业学校通用教材《语文》（第二册）中收录了一篇名为《长城》的文章，里面提到明长城城墙，说如果用修筑长城的砖改筑一道 7 尺高 4 尺宽的墙，可以绕地球赤道一周。根据明长城砖窑出土情况，当时长城一块砖尺寸为 36 厘米 ×17 厘米 ×9 厘米，约 1 尺宽，因此换算下来，修建 1 米长（以明长城形制，约 15 立方米）的长城，如果以全实体砖建造，需要 3000 块砖和 7 立方米的砂浆。以单块砖排列在一起，可以绕地球赤道 4 圈。据统计，长城长度两万余千米，如果都使用泥土夯制，需要 15 亿立方米，如果全部用明制青砖筑成，需要近 600 亿块砖。如果用今天最普通的红砖，大概每块的价格在 0.4—1 元左右，则至少需要 240 亿元。但砖块价格还只是所耗物力的一部分。为什么呢？因为当时修筑长城，没有标准化制砖作业，没有规模经济优势，而且动用巨大的材料，像木材、石材、黏土，都需要人力一步步运上去，需要配套的运输，动用数百万辆牛车才能保证。另外，最大的成本其实是粮食，许多朝代都是征民夫服劳役，因为是征用，所以不需要给工钱，但为了保证长城修筑的进度，需要给予他们一定的饭食。有学者统计，长城修筑需提供将近 14 亿吨的粮食。

据写下《万历十五年》的历史学者黄仁宇推估，明朝修长城，每修 1 米，需要花费白银约 28 两。这其中国库实际拿出的银子，按照明朝崇祯年间，兵部侍郎卢象升提交给朝廷的《确议修筑宣边疏》记载，每修边墙 1 丈，需花费 30 两白银，1 丈为 10 尺，1 尺约为 32 厘米，1 丈约为 3.2 米。1 米就约要花费 9.3 两，1000 米就需要 9300 两。明长城全长 8851.8 千米，人工墙体是 6259.6 千米，还有现存关堡 1176 座，烽火台 5723 座。

建造 1 座烽火台或敌楼楼台的平均费用在 70 两左右，由此可以推断出明长城修建的总费用，长城墙体花费 5800 多万两，敌楼花费近 50 万两，明长城总共需要 5850 多万两白银。

历朝历代都在修缮长城，但是都没有达到秦始皇长城、明长城这样的规模，仅从秦、明长城花费的人力、物力、财力来看，就不可估量，动辄百万人力、千万白银的投入，整座万里长城的投入之巨，可以想见。但我们不能仅考虑修建长城的巨额成本，还应该同时考虑不这样做的机会成本。长城修筑是为了避免战争，长城的花费比起战争成本如何呢？我们以明一朝的数字来看，成化年间，蒙古时常进犯，明宪宗召集大臣讨论防御事宜，上下合计发现，如果征集 5 万民夫，用时两月修葺长城，耗银不过百万两。而派出 8 万大军征讨，每年粮草、运费折合银两，总计耗银近 1000 万两。弘治十三年到十五年（1500—1502），蒙古再次入侵，朝廷紧急拨下的军费就有 415 万两之多。而相比起来，此前和平年份对长城周边常规守备的投入推算在 120 万两。耗费孰高孰低一目了然。所以从经济成本的角度讲，维持和平的成本较战争而言要小得多。

18

哪些朝代是长城修筑的“高峰”？哪些朝代是长城修筑的“低谷”？

根据统计，自秦统一六国以后，凡是统治着中原地区的朝代，几乎都要修筑长城。汉、西晋、北魏、东魏、西魏、北齐、北周、隋、唐、宋、辽、金、元、明、清等 10 多个朝代，都不同规模地修筑过长城。数千年的时间中，不修建（包括修缮）长城的朝代寥寥无几。但长城修筑虽然是一个持续的长期过程，但也并非可以平均到每个王朝去进行的，总有些朝代修得多，有些朝代修得少，有“高峰”，也有“低谷”，不尽相同，甚至落差极大。这背后和当时的政治、经济、军事水平，还有社会心理，都有很大的关联。

春秋战国时期，尤其是战国时期，伴随着诸侯争霸、互相攻防的需要，出现了长城修建的第一波高峰，据景爱先生的《中国长城史》里测算，当时总共修造的各国长城长度在 8100 千米左右。秦汉时期，是第二个高峰，大约 1.6 万千米。金代长城的修筑长度在 4010.48 千米，是第三个高峰。明代是最后一个高峰，修筑总长度超过历朝历代，总共是 8851.8 千米，比长江、黄河都要长。这几个高峰出现的朝代或时间，有一些共同的特点。第一，基本都是在中原地区实现大一统的王朝。秦、汉、明三个朝代版图基本囊括中原地区；金朝灭辽吞宋，也有追求一统的愿望，除了修筑长城防范蒙古，很大一部分是想安内攘外，先击败南宋实现“中国”一统，可见这一愿望之强烈。这些朝代也大多都有一个强有力的中央政权，可以调动全国的人力、物力和财力。第二，北部边境都面临着游牧民族的威胁。秦、汉、金、明都面临着来自北方游牧民族的威胁。秦汉两朝是匈奴，金朝和明朝是蒙古。第三，都有坚实的农耕文化基础。秦、汉、明自不必说，女真建立的金朝，汉化比较明显，儒释道这些华夏文化的主流以及两宋以来的理学，在金朝受众基础甚广，诗书画等文艺乃至于花鸟鱼虫之类的娱乐，都已经深入金朝统治阶层。金朝入中国则中国之，早就在心理上认同自己是“华夏”之正统，以南宋为蛮、蒙古为夷狄。

另外，也有一段时间，长城是分外沉寂的，被统治者“打入冷宫”，比如，唐朝、宋朝、元朝、清朝，这些是长城发展历史上的“低谷期”。

这些朝代不修长城的原因大都有3种。一是没必要修，自身力量绝对强、敌对力量绝对弱，力量对比丧失均衡，绝对强的一方自然没有意愿也没必要修防御用的长城。相关朝代以元朝、清朝最为明显。元朝本就为蒙古族建立的政权，在北方草原上力量占据主导性优势，元朝疆域辽阔，忽必烈定国都大都后，在原来蒙古故地设置岭北行省，将长城以外的地区都纳入版图。所以，元朝没必要在自己的疆土上修筑长城，修筑了反而增加内部管理成本。清朝也是如此。清朝初期就通过军事和外交等手段，使得漠南蒙古、漠北蒙古诸部落选择臣服清朝。后来，乾隆时又彻底平定了漠西蒙古，将蒙古高原和新疆纳入清朝版图，所以也没有必要再修长城。二是没实力修，以宋朝为代表。既没有强有力的中央政府调动资源，也没有充足的武力收回幽云十六州，也就是今天的天津、北京、河北，以及山西的北部地区，这些都是历史上长城的主要分布地。尤其到了南宋，北方天险尽失的宋朝，更加没有了修筑长城的有利位置和基本条件，根本修不起长城。三是不屑于修，主要是唐朝。唐朝不修长城，太宗李世民更是对前朝修长城的作为颇为鄙夷，曾说："朕方扫清沙漠，安用劳民？"初唐、盛唐对自身的自信，唐朝风气开放包容，文化上兼容并蓄，胡汉交融。唐太宗作为四方共尊的"天可汗"，改变以往"贵中华，贱夷狄"的态度，对各民族一视同仁，对边疆少数民族地区采取了"全其部落，顺其土俗"的开明政策。同时有强大的军事、经济实力支撑，唐朝并不怕游牧民族入侵，所以大规模修筑长城的情况并没有出现，《唐书》中也很少提及长城。

万里长城建造历时千余载，尽管中间经历了高峰、低谷，有高光也有晦暗的时刻，但长城岿然无声，无法诉说心语。我们今日尽管不再修建长城，但对长城的保护开发利用，却迎来新的"高峰"和高光时刻。

19

北朝拓跋鲜卑政权对长城如何进行继承发展?

鲜卑，是原始社会中晚期活跃在东北大兴安岭地区的游牧渔猎部族，畜牧迁徙，射猎为业。鲜卑内部分为东部鲜卑和拓跋鲜卑两个主支。其中，拓跋鲜卑多次南迁，东汉时选择从漠南草原内附，迁入长城以内定居。作为游牧民族的拓跋鲜卑善于骑射、勇猛剽悍，南下建立政权后选择重用汉族士人，务农安民，团结内部诸部大人，逐渐壮大，扫平各部，定鼎中原，于公元 386 年建立北魏。北魏统一了黄河流域，结束了北方中国在北朝十六国时期征战混乱不休的局面。进入中原执政后，鲜卑积极地实行汉化，不仅学习继承了中原王朝的政制礼法，也继承了原先修建的长城，使长城南北连成一片，并进行大规模扩建，建起王朝历史上首座由非汉民族统治集团主持修建的长城。

北魏大规模扩修长城，有其实际的需要。拓跋鲜卑开始定都于平城，也就是今天山西大同一带，其地处在农耕与游牧的交汇地带。国都离游牧于北方的柔然诸部十分接近，柔然也是东胡部族的一支，不时南下劫掠，威胁北魏国都安全，也让北魏无法集中精力完成北方的统一。因此，比起去反击在漠南草原移动的柔然，拓跋鲜卑选择修建长城，这当然是可以理解的。著名地理学家郦道元在《水经注》中指出，北魏长城的修筑目的是“以防北狄”，的确起到了一定的作用。拓跋鲜卑对长城的发展，主要体现在对南北两条长城的修建上。

魏北长城始建于泰常八年（423），据《魏书 · 太宗纪》载：“筑长城于长川之南，起自赤城，西至五原，延袤二千余里，备置戍卫。”太和八年（484），又修筑了“六镇长城”，向军事重镇御夷镇所在地——赤城（今张家口市东）以东进行了扩建。魏北长城全长达1000多千米，由西、东两段组成：西段从今天内蒙古自治区的乌拉特前旗乌加河东岸，向东一直到今天辽宁省台安县田二岔河镇附近古辽水入海口。辽水是北魏的疆域东境之限，魏北长城一度接近高句丽控制地带。

北魏除建魏北长城之外，还在太平真君七年（446）兴建了魏南长城，史称“畿上塞围”。它是捍卫国都平城的军防工事。这段长城大致起于今延庆和昌平交界的军都山八达岭、居庸关一带，跨越小五台山，经蔚县和涞源间的黑石岭，一直向西到今偏关西境的黄河岸。

北魏分裂出来的东魏政权，在武定元年（543）又对北魏长城继承发展，先后在今山西、河北修筑长城，据《北齐书》载，“幽、安、定三州北接奚、蠕蠕，请于险要修立城戍以防之”。东魏对北魏长城进行修缮和再度扩建，主要目的还是严固塞防，保卫政权，应对北方的柔然诸部。

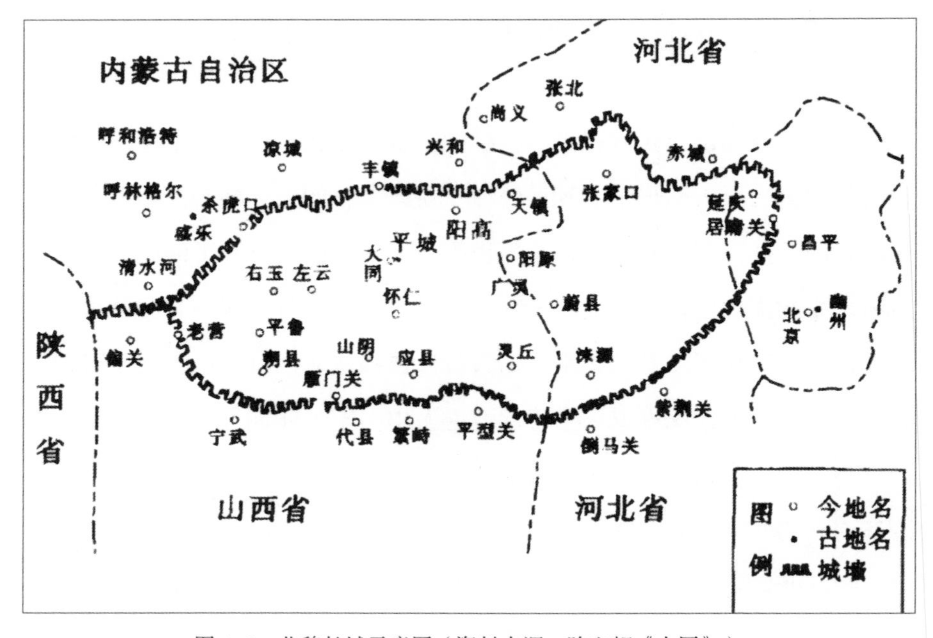

图 1-9　北魏长城示意图（资料来源：陈宝辉《大同》）

◎ 延伸阅读

北魏六镇长城

北魏建镇置戍，沿沃野、怀朔、武川、抚冥、柔玄、怀荒六镇地区建造长城，并屯兵驻守。六镇长城南线段东起商都县，经察哈尔右翼后旗、察哈尔右翼中旗、四子王旗，西迄达尔罕茂明安联合旗；六镇长城北线段东起四子王旗，经达尔罕茂明安联合旗，西迄武川县。六镇长城和其他长城共同构成北魏王朝抵御异族的防线。

20

“畿上塞围”指的是哪一段长城？

太平真君七年（446）六月，魏世祖拓跋焘兴长城之役，使用司、幽、定、冀四州的10万民夫，“筑畿上塞围，起上谷，西至于河，广袤皆千里”。这条“畿上塞围”，地址信息很明确，施工时间也很明确，太平真君七年六月起到九年二月止，共历时一年零八个月。那么这段广袤千里的“畿上塞围”到底为何物？

畿，有三层主要的意思。一是国都，或指古代君王所管辖的地方。《说文解字》这样解释“畿”字：畿，天子千里地。以逮近言之则曰畿也。因此，“畿”可以理解为古代王都所领辖的方圆千里的地面，后指京城所管辖的地区。二是疆界、疆域。《诗经·商颂·玄鸟》有云：“邦畿千里，惟民所止。”大意是，天子管辖的广阔江山，是百姓所居住的乐土。三是门限、门槛。《诗·邶风·谷风》："不远伊迩，薄送我畿。"这是一个被休弃的弃妇，对丈夫的泣诉："只求近送几步不求远，哪知仅送我到门旁？"这里的畿，就是门槛的意思。综合这三种释义，都和空间、位置相关，而且是能够管辖的内部的空间，而非外部的。

那么，"畿上塞围"之"畿"，到底是哪一重意思呢？我们回到《魏书》的相关记载，找到有关于建筑所处空间位置的信息，也就是"起上谷，西至于河"。上谷，郡名，故治在今天的河北省延庆县城。河，在古代一般是专有名词，是黄河的专称。北魏基本统一了黄河流域，黄河基本皆在其地界之内。因此，这段建筑是从今延庆南境起，一直向西至于黄河，基本长度有千里之远。上谷在国都平城之东南，黄河西界在国都平城之西南，这个建筑基本将平城围护在内部，称作塞围，倒亦形象。而根据这一位置特征，"畿"很容易定位到"国都"，即第一重本义上。"畿上塞围"，就是指将王都京畿地区围护在内的军防工程。

从畿上塞围的方位走向来看，它主要保护魏朝都城的东、南、西，重点是在都城南面，显然并不是为防范北方的柔然诸部。实际上，畿上塞围的防线走势，符合当时向南防御的政治军事形势，意在抵御南方的民众进犯京畿。起筑这道防线之前，在北魏的腹地，平城中南方向曾多次爆发山胡、离石胡、吐京胡等内附分散的旧匈奴部族的反抗，同时又因灾荒而发生民变，一时间反叛内乱势力集结，从南向北袭来。正是面对这种危局，北魏朝廷才急忙在王都附近构建了一道广袤千里的塞围长城，防御南方反叛者攻击。

21

“金界壕”到底算不算长城?

金是继北魏之后又一个大规模修筑长城的朝代，而且也是一个由非汉民族占统治主导地位的朝代，两者有很多相似的地方。一方面，是北方草原有时刻威胁两者统治的劲敌，北魏的柔然诸部和金朝的蒙古诸部。另一方面，在基本统一北方中原的同时，两者南面仍有对立的力量。北魏时是南方刘宋政权，金朝时则有南宋。这为长城修筑提供了两个基本的条件：一是南、北的环境不安全，令金、北魏有极强的不安全感；二是原本的长城区域控制在统治疆域内，因此，才有进一步修缮扩建长城的可能性。

金长城在史书上的踪迹，最早出现于天会年间（1123—1137），《金书》记载在东北境守边的大将婆卢火因浚界壕、守边有功而得到封赏。天会七年（1129），金太宗命都统宗翰，在金朝的西部、北部再次修建“界壕”，并驻兵云中，以备边。这些初始的界壕，都是用于防备北部草原上的蒙古余部。据现存地史材料看，这些早期的界壕，大都比较粗糙，使用的浚壕之法也比较粗浅，就是将挖出的土堆到沟内侧，使沟侧变高，但高度亦十分有限，多在 1 米左右，沟底内挖深度近 1 米，形成差不多 2 米的落差，所能起到的阻敌效果并不明显，被金御史台参奏批评为“所开旋为风沙所平，无益于御侮而徒劳民”，只能被沙土掩埋而无法发挥作用。早期的界壕，与秦汉长城，乃至北魏长城相比，都无法相提并论，连金本朝内部也很少提及这段早期界壕工程。

而短短不到百年间，至明昌、承安年间，评价就发生了转变，将界壕的地位大大抬升，在金朝内部将金界壕和历代长城联系起来，并置进行表述。《金史 · 内族襄传》载“迹襄之开筑壕堑以自固，其犹元魏、北齐之长城欤”，认为金界壕，和北朝的北魏长城、北齐长城相比，在防御上毫不逊色。襄即完颜襄，金朝名将，金昭祖五世孙，善于骑射，有勇有谋。他曾一路进攻鞑靼，直抵斡里札河以北，击杀鞑靼部长。公元 1197 年，完颜襄屯兵北京，进发临潢府，征服鞑靼剩余诸部，并筑界壕。完颜襄主持修建的界壕，早已不可和婆卢火时期的界壕同日而语，不仅是用数万步卒穿壕，而且筑障，不再是单一的沟墙式设计，在深挖堑壕的同时，以副壕相间，且有众多附属的防御工事，防御能力大大增强。后续，章宗时期又“迹襄之开筑壕堑”，在完颜襄修建的界壕基础上，进一步扩大修建，

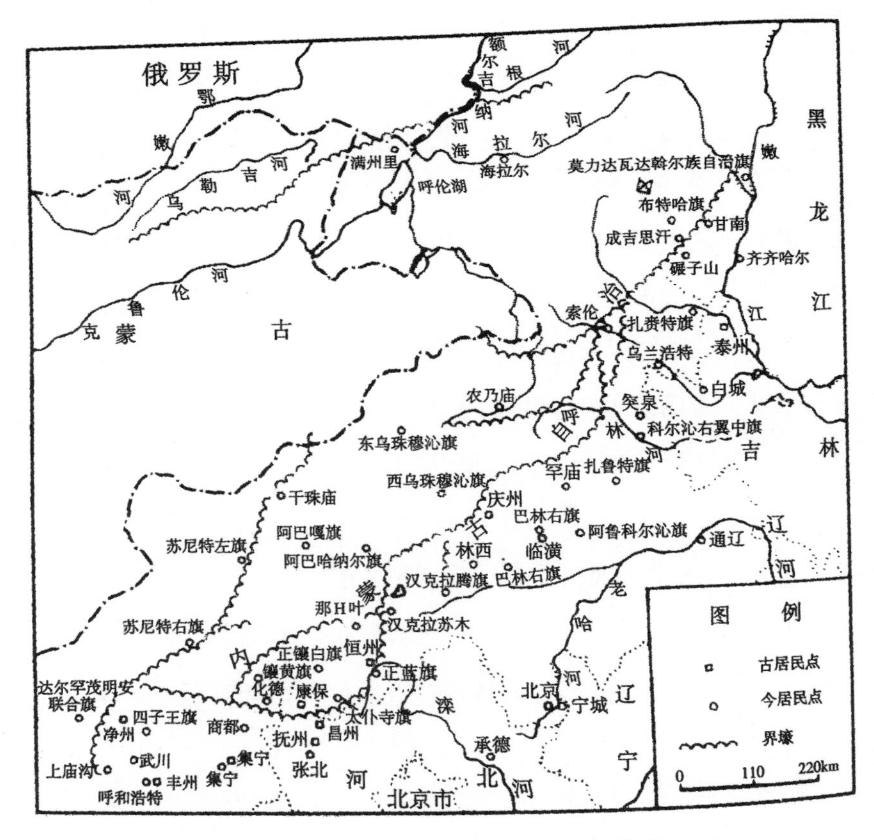

图 1-10　金界壕位置示意图（资料来源：叶小燕《长城史话》）

使用边戍军队 75 万人，筑垒穿堑，除原先的壕堑、墙垣外，相应墩台、营盘、城堡、烽堠等一应俱全，已然是比较完善、成熟的长城建筑系统了。

近现代考古学界，对金界壕是否可以被纳入长城体系，包括王国维先生在内的许多学者，都发表过很多意见，有过很多争论。王国维先生出于对学术慎重和严谨的态度，在他的《金界壕考》里，并没有对此轻易给予肯定，而是选用“界壕”一词。明确强调金界壕非长城的论点，认为金界壕与长城在构造上不同，一个是深沟，一个是高墙，在结构上、形态上完全不同。而持赞成意见的一派，则认为金界壕完全符合长城认定的通用标准，即长度、规模、性质、功能、体系等特点。目前，围绕金界壕的身份界定讨论已经基本平息，赞成将其纳入长城体系的声音成为主流。国家文物局将金界壕纳入长城体系之中，测绘金界壕长度为 4010.48 千米，金界壕成为万里长城大家族的重要一员。

22

明九边十三镇和长城有何关联？

金长城，在史书上很少称“长城”，而称“界壕”，引发近现代考古界对其身世身份的激烈讨论。而明长城，同样在明史等官方史志中也很少自称长城，而以“边墙”之名代之，但对明边墙却显然并未掀起史学界、考古界对其长城身份的质疑。因为，相比于已经被风蚀雨侵，仅残留土坡土埂的金界壕而言，明边墙所遗留的是历朝历代保存最为完好的建筑，其实物形态完全符合长城的形制、规模，是当之无愧的长城。那么，明朝使用的“边墙”的概念从何而来？又如何解读？

边墙，重点在于“边”。明代惯用“边墙”一词代指长城，一方面，是明之一朝，边事对其而言极为重要急迫。明朝起于对元朝政权的反抗，但明朝打败元军建立政权后，却始终难以摆脱来自草原势力威胁的阴影。蒙古诸部族分裂为鞑靼、瓦剌和兀良哈三部，这些草原上的游牧部落，一直没有停止南下对明实施骚扰抢掠。因此，从明立国之初，就将经营对蒙古各部落的防务列为第一要务。在明初历次边境战争中，明朝统治者认识到长城起到的作用，认为修建高大城墙而非持续用兵是边境防御最有效、最经济的方法。在随后的 200 多年里，为防御草原势力袭扰中原边防线，最终形成了东起鸭绿江、西至嘉峪关，贯穿东西、全线连接、完整的明长城防御体系。明代在积极修筑长城的同时，也对长城军防管理进行了诸多创新。为了有效对长城沿线进行管理和控制兵力的科学投入，明朝将长城沿线划分为 9 个防守区，在相应的防守区建亭、障、塞、堡，在长城沿线形

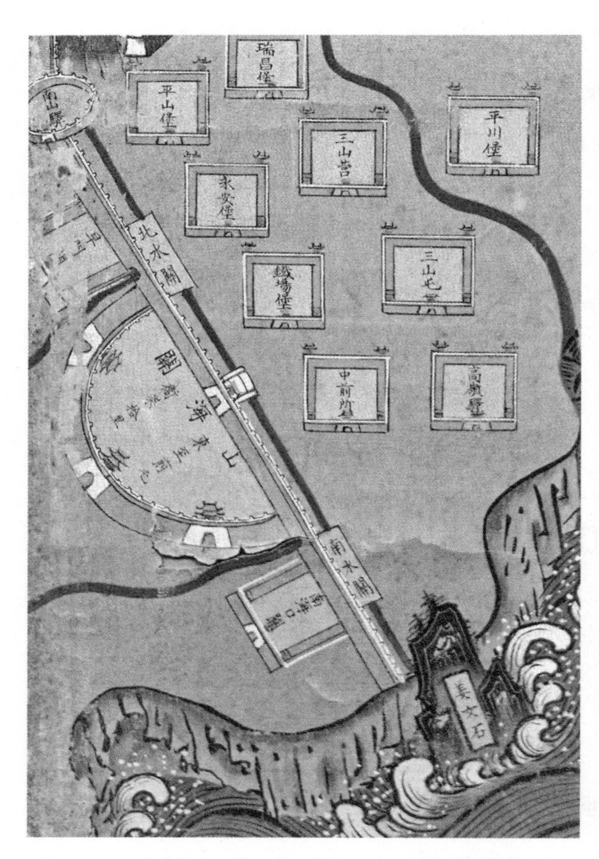

图 1-11　明《九边图》屏局部图（中国国家博物馆藏）

成相应的军事重镇，即我们现在常说的“九边”或“九镇”，后来发展为“九边十三镇”。“九边十三镇”的建置将明长城管理体系进一步细化，每个军镇都有相应的重要的长城关隘，也配备了不同级别的军防兵力。这样的设计，使得每个防区都有明确而又固定的防御区域，责任分工明确，在兵力投放和联合作战上可以相互支撑配合。

另一方面，是明统治者想与前朝之长城做区分，避免陷入自秦以来“治国以德不以险”的对立位置。明朝以儒家为本，而儒家在对边事以及长城的评价中，都有根深蒂固的道德思维定式，这在两汉时期就已经清楚地体现出来了。此后，历朝凡是以儒家为主流的统治者，都继承了这样的叙述和评价框架。明朝边事急迫，修建长城是不得已而为之，是对抗游牧南侵相对有效、经济的做法。但明朝也无法对儒家核心的道德主张改弦更张，因此，在自身的叙述上，尽量避免使用“长城”这样的说法，而是选择以“边墙”来代替，从而从边事上来证明大规模修建长城的正当性。例如明魏焕著《皇明九边考》在篇首即开宗明义，将秦长城和明边墙进行对比区分，认为“自后造阳筑于燕，临洮堑于秦，中国先受困弊而夷狄未之宾服，其严尤所谓无策也已。我朝家四海而幅员万里，九边外则夷类部落君之。……”强调明不同于燕、秦，以仁圣而非苛法统率天下，使得九边之外的四夷宾服。但四夷仍有反顺多变的，因此需要修边墙，不同于秦修长城属于“无策”，明修九边边墙则属“有策”，从边墙可以“见疆域之广焉，见保障之固焉，见责任之专焉，见士马之雄焉，见钱谷之富焉，见外夷之终始焉，见集议臧否焉”，认为九边边墙“有益于国家，有补于生民”。因此，尽管明朝以九边之墙，和秦之长城，毫无疑问都是一个事物，但显然从名称上刻意区分，就可发现二者从内部的道德评价上存在着极大的不同。但无论称谓是什么，秦长城、明边墙在今天都是万里长城的重要组成部分，都是中国和世界人民重要的文化遗产。

◎ **延伸阅读**

"九边十三镇"

九边，具体指辽东镇（今辽宁省北镇市）、蓟州镇（今天津市蓟州区）、宣府镇（今河北省张家口市宣化区）、大同镇（今山西省大同市）、太原镇（今山西省太原市）、延绥镇（今陕西省榆林市）、宁夏镇（今宁夏回族自治区银川市）、固原镇（今宁夏回族自治区固原市）、甘肃镇（今甘肃省张掖市）。到后期又陆续增设昌平镇（今北京市昌平区）和真保镇（今河北省保定市）、临洮镇（今甘肃省定西市临洮县）、山海镇（今山海关），总称为"九边十三镇"。各军镇从上到下分长官为5级。最高的1级是"镇"，长官称"总兵"，驻扎地"镇城"。第2级是"路"，称"参将"，驻扎地"路城"。第3级是"卫"，长官称"守备"，驻扎地"卫城"。第4级是"所"，长官称"把总"，驻扎地"所城"或"堡城"。第5级是"墩"或"台"，长官称"总旗"或"小旗"。

23

康熙说的"不修长城"真的做到了吗？

作为入塞进入中原"中心"的帝国缔造者，清统治者首先从功用上以长城为无用，并未能真正防止清兵入关，其次从族群情感上，对长城有不同的认识，因此留下"毋修长城"的圣训。清圣祖康熙就留下诸多对前朝依赖长城的鄙夷态度，如康熙二十一年（1682）作《咏蒙恬所筑长城》，称“当时用尽生民力，天下何曾属尔家”，以胜利者的姿态来评价长城毫无价值。康熙三十年（1691）五月，古北口一带长城因水患塌颓，古北口总兵官蔡元请旨重修，招来康熙的严厉叱责：“帝王治天下自有本，原不专恃险阻，秦筑长城以来，汉、唐、宋亦常修理，其时岂无边患？明末，我太祖大兵长驱直入，诸路瓦解，皆莫敢挡。可见守国之道惟在修德安民，民心悦则邦本得，而边境自固。所谓众志成城者是也。”[①] 他继承了儒家“治国以德不以险”的认识，认为长城修建不足以解决边患，并诏谕九卿不得再提长城复修一事。

这一态度，除了胜利者心态支撑外，还有其现实因素。最主要的就是清朝民族政策的处理，让北方草原的蒙古诸部不足以成为清的敌人。早在入关前，清朝就通过和亲、分化等方法，有效控制了蒙古各部。清朝在蒙古各部归顺后，将自身统治制度很快推及东部蒙古各部进行编管，实现有效管控。在管控的同时，也让蒙古在清朝地位相对尊崇。这体现在清朝皇室的和亲联姻上，清朝将公主下嫁蒙古王公的同时，又从蒙古迎娶贵女，使得双方姻亲关系稳固。在军事上，蒙古勇士是清军的重要组成部分，在战争时甚至可以调动蒙古各部的军队参加勤王战争。所以，蒙古之于清朝，并没有像匈奴之于秦汉、蒙古之于明朝那样，形成一个敌对关系，这是清朝处理民族关系的胜利。

其次，清初国力强大，在康熙时大修文治武功，清朝版图实现了极大的扩展，已经达到外兴安岭，今蒙古国一带，长城已经处于清朝版图的后方，处于统治疆域的内部防线，没有修整的必要性。此外，在清朝，火器等热兵器已经兴起，长城作为传统战争的防御工程，防御效果已经大大下降。上述因素使得清没有足够的动力和以前的朝代一样大修长城，依遵“毋

① ［清］朱轼：《清圣祖实录》卷一五一（康熙三十年五月丙午），中华书局 1986 年影印本，第 20—21 页。

修长城”的圣训，康熙的后代也同样持此态度，比如乾隆同样作《古长城》：“天地自然生，南北限以是。设云人力为，早应就堕圮。然今果限谁，内外一家矣。”认为以人力修建长城是徒劳无功之事，南北相通是自然而然的事情。可见，相较于明朝，长城军防功能并没有得到进一步的巩固，但长城作为标榜“中外一家”的政治理念，作为大一统政权正统的象征性意义却更加凸显出来。

24

清朝为何修建“柳条边”长城？

康乾盛世的缔造者都认为长城无用，留下“毋修长城”的圣训，但实际上，清一朝也新修建了自己的长城，即东北地区的柳条边长城。柳条边，主要在今辽宁省、吉林省境内，自东南的凤城市一直向北，经本溪、抚顺、开原，然后转向西南，沿辽西走廊直至山海关，此为早期修建的柳条边，又称“老边”。这片区域，主要是清朝的龙兴祖地。有说法称满洲起源于长白山之东北的布库里山下。明初，女真分为建州女真、海西女真、野人女真三大部。清朝统治者为出身建州女真的爱新觉罗氏，活动区域主要在建州卫管辖的女真人分布区，西至今抚顺市，东近鸭绿江，北达图们江，南到辽宁县、桓仁县境，大部分是辽东地区。辽东作为满族先祖的定居之地，也是爱新觉罗家族的肇兴之所，被视为清朝的龙兴之地，在清朝统治者心目中具有特殊、尊崇的地位。

柳条边的修建始于崇德三年（1638）。当时修建了“老边”，后在康熙年间复从辽宁省的威远堡北行，与“老边”相接，经吉林省的伊通、双阳、九台，转东到吉林省舒兰县（今舒兰市）西的法特，这条边墙被称为“新边”。新、旧柳条边的修建，主要目的是保护清朝统治者祖居之所，防止外人，主要是汉人、蒙古各部进入，伤及风水。通过边墙将辽东地区围框起来，虽称之为墙，但其实主要是土坝，高约 3 到 4 尺，远逊于明朝边墙。土坝之上遍植柳条，每隔 5 尺插柳 3 株，之间以草绳相互串联，长亘千里，“柳条边”因而得名。但相较于“老边”的插柳条，康熙十七年（1678）修的“新边”，则“插篱为边，以限内外”，成为一道篱笆墙。

满族以柳条边以界“内外”，有诸多目的。乾隆曾以柳条边为题赋诗，比较完整地说明了相关缘由。“西接长城东属海，柳条结边画内外。不关厄塞守藩篱，更匪舂筑劳民惫。取之不尽山木多，植援因以限人过。盛京吉林各分界，蒙古执役严谁何。譬之文囿七十里，围场岂止逾倍蓰。周防节制存古风，结绳示禁斯足矣。……”从乾隆的词句当中，可以理解清朝统治者设置柳条边有多重意愿：一是作为地界，分吉、奉两地，并与蒙古相界；二是保持清朝“国语骑射”之风不变，圈禁之地供八旗兵操练骑射；三是维护宫室对物产之采用，将众多山川封禁为“贡山”“贡河”，阻挡本地的辽东人参、东珠、松子、蜂蜜等名贵之物被盗卖，而专供宫室取用。当然，乾隆有未竟之言，也是柳条边最主要的功能，是政治经济上的。一方面，是为保护爱新觉罗家族“龙脉”风水，保护祖宗肇迹兴王之所，保持满族旧俗。另一方面，涉及对辽东祖地八族子弟的土地利益保护。修建一条边墙，禁止汉人向东北地区移民垦荒，进行农业开发。同时，更为重要的是，通过各边门的交通孔道把东北地区连成一片，从而可以对人员出入进行严密把控。当时曾有规定，凡是进出边门的居民，均需持印票，从指定的边门出入。没有印票的闲散流民，都要全部被驱逐。有闯关越边者，一律严刑处罚。在严格控制人员移动的同时，也有助于对货物贸易进行监控，在进一步加强对税收的管理上有重要作用。

对柳条边的严厉封禁之举，却未能长久，就像长城挡不住南下的胡人一样，柳条边也未能真正阻止外人对爱新觉罗祖庭的侵扰，仍有许多汉人闯关东，进入禁地淘金捕猎。到清中后期，由于战乱饥荒等因素，闯关东的流民越来越多，柳条边封禁政策逐渐废弛、名存实亡。道光二十年（1840），朝廷终于放开屯垦封禁的政策，大量汉人携家眷进入屯垦。咸丰十年（1860），维持了 200 多年的柳条边，终于被朝廷废弃，退出了历史舞台。

25

清朝为何修建了数道深入腹地的“内墙”？

除了东北的柳条边和苗疆的南方长城外，清朝也修建了数条深入腹地的长城，与以往王朝靠近北部边隅的外长城相去甚远，部分向南深入山东、安徽淮河一带，是当之无愧的“内墙”。

长城有内、外之别，始于西汉时期。汉武帝时期，北驱匈奴，疆域较前朝向西、北有较大拓展。为了保证新开辟疆域的安全和兵力投入，汉武帝在对原有的秦长城加以修缮外，在阴山以北修筑了新的长城，分布在今内蒙古自治区西部、蒙古人民共和国南部。由东、西两段联结而成，东段称“光禄塞”或“塞外列城”，西段称“居延塞”。这段新建长城在原先秦长城以外，因此称“外长城”。明朝大修长城，亦有内外两道。外长城自西向东，从偏关老牛湾，沿山西、内蒙古交界处，东北向平鲁、朔城、清水河、右玉、左云、大同、阳高，直到天镇马市口，进入河北省张家口市怀安县、万全区、桥西区、崇礼区、赤城县，经北京市延庆区居庸关西北，全长约 380 千米。此段长城基本上和漠南蒙古的势力边界吻合，是明朝护持北疆与北元和鞑靼、瓦剌对抗的前线。而“内墙”自西向东修筑，西起偏关老营堡丫角墩，沿山西朔州、忻州交界处，向东南转过平鲁、神池、朔城、宁武、原平、山阴、代县、应县、繁峙、浑源、灵丘，直到河北省张家口市怀来县，再连八达岭、居庸关，最后在北京延庆外长城处交汇，全长 1600 千米。“内墙”主要是为保护自身和维护京畿一带安定所造。

清朝时期，严格而言，所有的长城都属于“内墙”，都位于广阔疆域以内，并不在与外族对抗的一线。但在清晚期修建的长城，不再如历代长城呈东西向设置，而是深入腹心，沿南北向的大运河、陕晋交界修建了数条“内墙”，大致呈纵向设置。可见，清朝此时防御的对象不再是历朝严格防控的北部草原，而是来自内部的敌人，即为镇压内部的农民起义，其中形成武装集团、势力最大的是北方的捻军以及南方的太平天国。清修“内墙”，主要为消灭捻军。捻军的前身是“捻党”，“捻”在北方方言中的意思是“一股”“一伙”吸引来人的意思。旧时，北方农村迎神赛会要搓捻子燃油，因此得名。捻党活动分散，一捻少则几人、数十人，多则不过二三百人。从咸丰元年（1851）到清政权覆灭，内外交困，民困兵疲，农村地区饥荒不断，而越是荒年，捻党人数越多，部分饥荒严重地区有“居者为民，出者为捻”的情况出现。

捻党最早出现于康熙时期，以反清为主要目的，成员大多由普通民众、手工业者、盐贩、饥民构成，活动区域初在安徽北部。咸丰时期，白莲教起义失败后，进一步削弱了清朝国力，也使其统治更加残暴，捻党活动日渐活跃。鸦片战争以后，随着农民反抗斗争地普遍展开，安徽、河南等地的穷苦百姓也纷纷“结捻”，后来逐渐扩张到苏、鲁、豫、鄂一带。捻党也脱离早期民间反清结社的状态，而进入武装抗清的新阶段，正式成为“捻军”。捻军行动以骑兵战术、游击战术为主，作战主要讲究机动性，这和北方草原游牧的对战方法相类似。因此，为了压制捻军的机动优势，曾国藩上书提出修筑长城克敌的主张。尽管此时国库空虚，朝廷仍很快批复修建长城。新修的“内墙”，主要分东、西两路。东路几乎与京杭大运河相平行，南下贯通，从苏北地区一直北上到天津附近，在运河与黄河交汇处，有支线向东至河南开封、颍河一带，向南则拐入安徽境内淮河沿线。西段则沿陕晋交界的山西一侧修建，北接明代所修的黄河边墙，南到山西西南部的吉县、乡宁一带。东、西两段主线基本纵贯南北，沿黄河、运河设防，但并不追求全线连接贯通。“内墙”修建的主要目的是为将捻军势力切分隔离，防止捻军东西向移动，降低其机动性，将其围困在江苏、山东细密的河网区域，让其难以发挥骑兵冲击优势，从而实现重点围歼。

清新修长城的确发挥出了作用，捻军最终在同治七年（1868）被清军围攻歼灭。这段“内墙”，和以往北境的外长城相比，有共通的地方：二者都是针对骑兵机动性优势设置的阻碍措施，但针对对象发生巨大变化，外长城大多是为了对外防御，而“内墙”则主要对内镇压，两者有本质的差别。这段新修的“内墙”未被纳入今天万里长城的体系当中，这项费时费力、绵延极广的军事工程，是大型线性防御工程在王朝历史上的最后形态，但它很快消失在历史烟云当中，被当代的人们遗忘。

26

清朝钦定的海外朝觐路线为何选定嘉峪关长城?

尽管清朝并非长城修筑的“高峰”期,甚至有“毋修长城”的圣训,但实则终清一朝,对前朝长城的修缮并没有停止,但主要不是为了继续使用其军防功能,而是作为清朝的“形象工程”,做对外宣传使用。

根据《清高宗实录》记载,乾隆五十四年(1789),高宗曾诏谕军机大臣等人,对工部侍郎德成、陕甘总督勒保上奏的请修长城城楼一事进行批复,同意所请。这与康熙三十年(1691),古北口、喜峰口一带长城被水冲坏,古北口总兵官蔡元请旨重修,却招来皇帝严厉申饬,认为兴工劳役有害百姓,有截然相反的结果。同样在乾隆一朝,乾隆二十九年(1764)地方报修山海关长城,因其失去防卫功能而且费用过高被否决。乾隆三十六年(1771),部分长城经水冲损,乾隆下令无须复行补筑,仅就其形势,对外层稍加甃葺,缺损处任水畅流。促使乾隆同意德成、勒保所请复修嘉峪关城楼的原因,主要是出于“面子”,而非其他实质性因素。谕令指出,“查勘嘉峪关一带边墙情形,嘉峪关为外藩朝贺必经之地,旧有城楼规模狭小,年久未免糟朽闪裂,请另行修筑。估需工价,不过五万余两,为数不多,着即如所请办理。以昭整肃,而壮观瞻。”而与之相仿,乾隆三十六年,晓谕仅对被水冲毁外城楼修葺的主要原因,也是“俾存规制而示观瞻”,即保持长城外表规制,不影响观瞻即可。

为何清朝特别注重长城对外观瞻的形象呢?首先从清对外藩管理的角度而言,和明中后期,东北、西北、西南部分地区、族群和朝廷长期对抗不同,清朝基本实现了大一统。在大一统进程中,清廷一直将蒙古、新疆和西藏视为“内属”，是国土不可分割的一部分，由此促进了多民族国家的形成，奠定了大中国的版图。清朝取得全国统治权后，大力经营边疆地区，包括北部的漠南蒙古，漠北喀尔喀蒙古，漠西、青海等地厄鲁特蒙古先后向清廷输诚纳贡，对不愿臣服的厄鲁特蒙古准噶尔部，康、雍、乾三朝多次用兵，终于在1757年平定了准噶尔部，巩固了对天山北部多民族聚居地区的统治。蒙古各部，除贝加尔湖布里雅特蒙古外，皆归入清朝版图。对藏、回等民族聚居区加强管理，对藩属地区通过理藩院实施统治，加强与他们的联系。而臣属的边疆民族各部和周边邻邦，按照《大清会典》记载，需要遣陪臣为使，奉表纳贡来朝。对藏、回等民族，以及中亚的藩属国，包括哈萨克右部、布鲁特、浩罕、塔什干、巴达克山等均有派使臣进北京朝觐纳贡的记录。而其进京朝觐的路线，基本首先进入新疆哈密，由当地军营护送监督，一路再往嘉峪关，在肃州、凉州一带沿边走，再前往热河、北京。这一路沿边路程正与长城的主要分布区域重叠。

另外，从嘉峪关本身来看，嘉峪关建成自明朝洪武五年（1372），是明代万里长城的西端起点，是我国长城遗址中保存最完整、规模最宏大、景色最壮观的古代军事防御体系，乃西北之门户。外藩朝贺来往通衢，重要的关口就设在嘉峪关，非规模宏整，不足以壮观瞻，城关关楼及紧邻城关的关墙段，是外藩朝觐路线所经，因此才是修缮的重点。

《甘肃通志》卷三十也记载了当地修筑边墙和修复嘉峪关城楼后的效果，称商旅安行，番夷敛迹。内安外攘，夷人畏服。总之，到清朝时，长城沿线已非边境，防卫功能有所弱化，再修边墙、壕沟已属多余。但将长城作为商旅通关口岸、外藩朝贺必经之地，应是清政府有意为之，希望用雄壮的长城震慑外夷，实现“为壮观瞻”的目的。

27

万里长城向西：天山烽燧是长城的一部分吗？

长城修建的最大特色，就是因地制宜，因地形，用险制塞。万里长城，从东向西，用山河之险以为城，用峰峦之高以为墙，用河谷之水以为障。历朝历代基本按照这样的原则，借助险峻的地势，适应山地水文，修建起边墙、边塞和城堡，构成易守难攻的屏障，抵御外部的进攻。

秦长城在西北地区的修筑基本是沿着渭水、泾水流域的北侧，依山岭走势，汉长城将长城向西北延展，其新修的北部长城利用居延海等水系形成天然屏障。明长城不光以山险形成天然屏障，更依托高山之势，在高且陡峭的山岭上，间隔修筑烽火台。但在八达岭关城外山地与盆地交接的相对平缓的地带，烽火台则修筑得比较密集，在地带间隔数十米就有一座烽火台。而修在天山南北的众多烽燧，就是按照这样的地形地势，进行排布的。这些烽燧大多出自唐代。为了应西域军事形势的变化，从公元前1世纪起，汉、晋、唐等朝代先后在楼兰路沿途修筑了众多的军事预警设施，形成了一道东南一西北向的线状烽燧带，比如在新疆维吾尔自治区巴音郭楞蒙古自治州孔雀河北岸发现的“孔雀河烽燧群”，其中的克亚克库都克烽燧（唐时称“沙堆烽”），是近年来重大的考古发现之一。

深入天山新疆地区的众多烽燧，和其他长城地带不一样，这里并没有连续的长城墙体出现，似乎和人们印象里绵延不断的长城形象不符。从实体的角度而言，天山当然不能算是长城，但从功能的角度而言，天山和长城相连，又有烽燧预警，能够共同发挥防御的作用，构成了立体式的防御格局。因此，可以将其视作万里长城向西的延伸。长城、天山，两者间的相似性和联系有很多。比如，界分农耕、游牧的作用。日本学者松田寿男的研究指出，万里长城与天山山脉的连接线是划分古亚洲的游牧圈和农耕圈的边界线，长城和天山共同发挥着隔离游牧、农耕两种生活形态的作用。再如，天山和长城起到重要的军事防御作用。天山是世界七大山系之一，位于最广阔的一块欧亚大陆腹地。天山构成对河西走廊和中原腹地的安全屏障，天山和长城，一直深入蒙古和哈萨克草原内部，起到辖制的作用。天山沿线绿洲和长城一带的重镇，有助于在战时调动庞大的人力、财力、物力资源，起到支撑塞防的作用。

从上述层面而言，天山尽管形制上不能称为长城，但它们是万里长城向西的延续，是中国重要的前卫屏障，天山完全可以称得上是非人力修建的“自然的长城”。正如东亚研究学者狄宇宙（Nicola Di Cosmo）提出的观点，长城向西和青藏高原自然屏障相连，因此可以将天山走廊南北也视作长城边疆、帝国前线。[1] 天山和天山南北发现的烽燧遗址，使天山与长城相连，共同构成辽阔的万里长城带。

28

交河故城：长城、丝绸之路因何汇聚？

交河故城位于今天新疆维吾尔自治区的吐鲁番市的雅尔乃孜沟中，是

① Nicola Di Cosmo. *The Northern Frontier in Pre-imperial China*, *The Cambridge History of Ancient China from the Origins of Civilization to 221 B. C.*, London: Cambridge University Press, 1999:887.

图 1–12 交河故城（徐江峰 摄）

公元前 2 世纪至 5 世纪由车师人开创和建造的城市，是世界上最大最古老、保存得最完好的生土建筑城市，也是我国保存两千多年最完整的都市遗迹。2014 年交河故城作为中国、哈萨克斯坦和吉尔吉斯斯坦三国联合申遗的"丝绸之路：长安 – 天山廊道的路网"中的一处遗址点被成功列入《世界文化遗产名录》。2022 年，习近平总书记在新疆吐鲁番考察交河故城时强调，交河故城是丝绸之路的交通要道，是中华五千多年文明史上的一个重要见证，有重要史学价值。

交河故城所具有的重要的商贸、交通和军事价值，主要基于它的特殊地理位置。同楼兰等其他古城一样，交河的充沛水源使其成为来往客商歇脚补充水源的地方，后来随之成为重要的人、货集散地。西汉时期，交河城最初是古代西域车师人的政治中心，汉武帝派遣张骞西行开辟丝绸之路后。中国的丝绸、漆器向西传至西域和中亚地带，而西域的骏马、胡桃、葡萄等名产也传入中国内地。交河城在汉时已成为丝绸之路上的重要枢纽，是和楼兰一样连接中原和西域广大地区的重要城市。

为了保护丝绸之路贸易给汉朝带来的税收利益，汉武帝新修建的西段的长城，设置了众多的烽燧，一路从玉门关往西，深入大漠深处，保护包括交河城在内的商贸城市。到公元前 60 年，汉朝更进一步加强管理，在西域建立西域都护府，作为管辖西域地区的最高机构，并在交河城设戊己校尉屯田，为周边戍守的军队提供粮草供应。在汉朝的努力经营之下，西域的经济与文化发展进入一个崭新的时期，交河城也因此走向繁盛。

交河故城的发展在南北朝和唐朝达到鼎盛时期，由于战略位置重要，地扼天山南北，奇险佳绝，为兵家必争之地，对交河的激烈争夺使其常年身处战火之中。唐代李世民的《饮马长城窟行》写道“塞外悲风切，交河冰已结”，李颀《古从军行》中“白日登山望烽火，黄昏饮马傍交河”。因附近连年战火，9 至 14 世纪交河城逐渐衰落。元末察合台汗国时期，吐鲁番一带连年战火，交河城毁损严重，终于被废弃，留在大漠黄沙当中。

在长达 1000 多年的时间内，交河城都是我国西域地区的政治、经济、军事、文化、屯田活动的重镇，它见证了西汉王朝统一西域、设置西域都护府的非凡历程，见证了唐朝设置安西都护府管理西域、持续开展文化商贸交流的国家治理智慧，展现了丝绸之路沿线城市商贸文化、建筑技术、民族文化、宗教文化等地传播、交流与融汇。在交河城，更是丝绸之路和长城的一个交会点，那是主张交流的商路和保卫和平的巨防相互握手的地方。交河已故，但遗留下来的古城将会成为新的历史见证人和中外文明文化交流的使者。

◎ **延伸阅读**

交河城的由来

班固《汉书·西域传》载：“车师前国，王治交河城。河水分流绕城下，故号交河。”交河处于河流分流之中，也就是河心洲的位置，河流绕城而过。河流是人类文明起源不可或缺的条件，为人类提供了水资源和交通方式，使早期人类的繁衍与交流成为可能，相对比较容易孕育人类文明。交河城的河心洲位置，具有得天独厚的优势，早在3000年前，交河河谷内就已经聚成族群部落。有人指出，交河还有一个得名的来源，是由黄河的上河、下河相交汇合而成，可这并非事实。

29

新疆克亚克库都克烽燧遗址考古出土的唐代文书资料有何独特价值?

汉开辟丝绸之路经营西域以来，对新疆地区较为关注，在军防建设上加大投入。这些建设大都因地制宜，考虑到地广、干燥的气候环境，并没有如其他地区大规模建造线状的长城墙体，而是在新疆建造了大量点状的烽燧和卫戍军堡。汉、晋时期建造的孔雀河烽燧群就是其中的代表。

孔雀河烽燧群坐落在新疆维吾尔自治区巴音郭楞蒙古族自治州尉犁县的孔雀河沿岸，属于古代丝绸之路上的楼兰道，即自沙州（今甘肃省敦煌市）至鄯善（今新疆吐鲁番市鄯善县，位于若羌县北之地）的商道。这条烽燧群东西走向，长达150余千米，东接玉门关、阳关，西接西域都护府的治所乌垒城，总共由11座烽燧构成。其中的克亚克库都克烽燧，就是重要的一座，位于卡勒塔烽燧和库木什烽燧之间。2019—2021年，新疆文物考古部门对烽燧遗迹进行考古发掘，取得重要收获，成果入选“2021年度全国十大考古新发现”。

克亚克库都克烽燧，唐时它有一个另外一个名字——“沙堆烽”，它

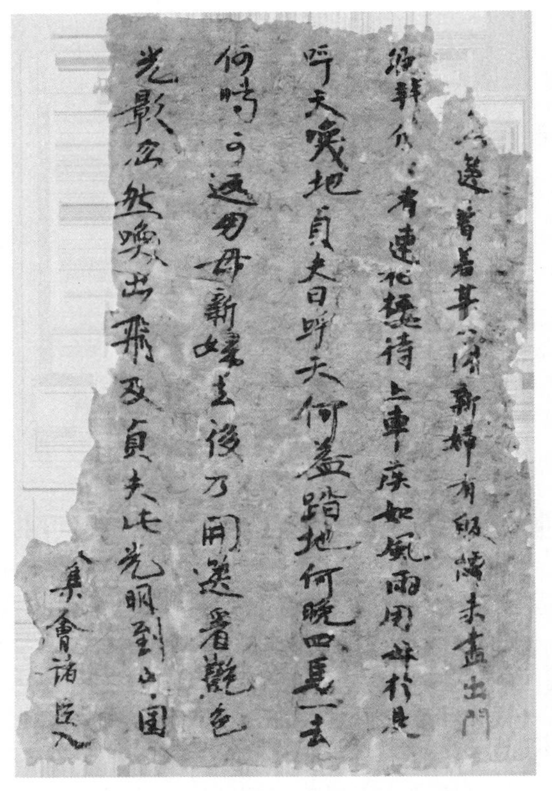

图 1-13　沙堆烽出土的《韩朋赋》纸本残片（资料来源：新疆文物考古研究所）

始筑于武周长寿元年（692）唐将王孝杰收复“安西四镇”后不久，在唐贞元六年（790）吐蕃攻占北庭前后废弃，大致沿用了近 100 年时间。在这座荒漠深处、黄沙之下，沉寂千年的遗迹之中，却出土了大量的珍贵文物，最为突出的是 883 件文书。其中，758 件纸文书、119 枚木简、4 件帛书、2 件刻辞。出土文书 99% 皆是用汉文书写的，这显示出汉地文化对西域地区的深远影响，是新疆自古以来就是中国疆域领土，受中国治理管辖的重要证据。

出土的文书有 3 个特点。一是内容多元。主要为唐武周至开元年间各个烽铺及上级管理机构之间的军事文书，但也涉及政治、经济、文化、法律、交通、社会生活、宗教信仰等内容。二是视角多元。既有以安西都护张玄表、安西副大都护汤嘉惠、名将高仙芝等高官名人为主角，在焉耆活动轨迹的记载，也有从康览延、张三郎、马六郎等大批普通士卒视角出发，写在粗糙草纸上描述自己日常戍边生活、思家家书的记录。三是文本珍贵。在出土文书中发现了唐代传奇小说《游仙窟》、中国古代悲剧爱情故事《韩朋赋》、儒家经典《孝经》等文学作品和传统经典，其中《游仙窟》是国内现存唯一的版本，十分珍贵。

包括沙堆烽在内的众多西域烽燧群，是我国古代经略西域最具代表性的军事通讯、交通安全设施，在保护丝绸之路安宁和中原和平中发挥过重要的作用。沙堆灰烬中出土的这些文书，是目前我国烽燧遗址考古出土数量最多的一批唐代文书资料，它们以文字的形式，代替无声的烽燧，向今天的人们讲述千年之前的历史，讲述西域先民和来自中原的将士一起守卫边疆，共同守护家园的家国情怀和建功西域的历史事实。

30

为何说长城“内外”是故乡？

在王朝历史上，长城是内外分明的，长城内是中原、家园，长城外是危险、荒漠。但实际上，在漫长的和平时期，长城内外之别并不那么分明，长城是内外不同族群交往、交流、交融的中介物和加速器。

一方面，从空间上讲，长城作为跨度极长的线性条带，纵横 15 个省，两万多千米，长长地深入辽阔的草原、沙海之中，以己身作为枢纽，从而产生众多的地域联系。在古代，长城的出现，作为重要的地理方位标识，使人的行走有了明确的方向，交往也被延长。作为和平时期的通道，长城成为不同地域进行接触、和解的媒介，联结双方的交往线，具有无与伦比的重大意义。最早在西汉时期，长城就成为汉朝、北方游牧民族以及更远端西域贸易的重要地点。特别是商贸往来，边境地区的商贸，出于安全的考虑，往往选择在有较大规模军事设施或驻军的附近，也可加强互市的管理，这没有比长城更为合适的了。文、景二帝时期，长城沿线地区就已经开展以物换物的活动了，后来在官方的主持下，在非军事区域开展汉朝与匈奴的贸易往来。汉武帝派遣张骞出使西域，开辟了丝绸之路，并修建北端的长城保护商贸往来，将中国的丝绸、茶叶、瓷器等带到边疆及国外。明朝严控九边，但也在长城地区设立了马市等贸易场所，极大地促进了和平、互惠的交往。历史也证明，长城沿线借助通婚、通商和往来，确实孕育出不同民族交流碰撞形成多元文化因素交融的形态。长城一带生活着很多汉人与蒙古人通婚的后代，风俗兼容蒙古族、汉族等多元习俗，具有融合的文化特征。

另一方面，从时间上来说，长城较早地被农耕民族开辟，在秦汉时期建立起一道不可逾越的屏障，为农耕生产的稳定、中原汉地文明的成熟，争取到了宝贵的时间，也从时间上奠定了文明发展的秩序。到唐王朝时，依靠长城挣得的时间发展起来的强大国力，为唐跨越长城以外开辟疆域，进一步拓宽农耕的空间，赢得了先机和主动权。后来在漫长的时间里，在移动之中求生存发展的游牧文明，逐渐和在定居中发展壮大的农耕文明，相互之间有碰撞、有接触，两者力量此消彼长，达到了一个动态的平衡，为多元一体的中华文明地发展和形成提供了机会，争取到了宝贵的时间。

长城从历史上最早作为秦汉时期用以拒胡的工具，最初有着划分游牧圈和农耕圈的意义，但长城边界特有的线性空间、边缘地带的双重性及流动性的特点，具有外部分离和内部整合的作用，串联起历史上各民族。在漫长的时间里，长城沿线的和平时期要远远长于战争的时长，和平稳定的环境也推动了中华民族和中华文明的发展成熟。因此，长城从长时间周期、长空间地带的维度来看，无疑是一个交流融合的地带。在今天，“长城内外是故乡”，已经成为各族人民的普遍共识和共同追求。

31

历史上哪些名人被视作长城“化身”？

长城无疑是一个物理的实体，但又不限于实体，具有独特的象征性意义。近代以来，特别是在抗日战争中，长城的象征意义越来越凸显，甚至盖过了实体。提到长城，大众想到的就是以血肉之躯保家卫国的“人”，奋勇抵抗的军人成为长城的“化身”，与实体的长城分离开来。以长城喻人，这一点在历史上有其渊源，很多历史上的人物都曾经被视作长城的“化身”。

最早开辟以长城喻人先例的，可以追溯到1600余年前的南北朝时期。南朝宋名将檀道济曾自比为“万里长城”。陆游曾在《书愤》中有“塞上长城空自许”之语，所用典故就是檀道济的事迹。檀道济是中原地区的寒门士族出身，因北方少数民族内迁，被迫南渡。为尽快站稳脚跟，檀氏家族主动投效北府兵少壮派将领刘裕帐下。刘裕后来成为南朝刘宋政权的开国皇帝。檀道济很快被刘裕任命为参军，随刘裕南征北战，屡建奇功。元嘉九年（432），檀道济被封为司空，这是南朝宋职官品位表里的第一品，主掌军权，同时镇守一方，位高权重。元嘉十三年（436），宋文帝刘义隆重病，担心当时掌握军权的大将檀道济死后谋反，便召其入朝。檀道济到建康（今江苏省南京市）后，立刻被逮捕。据《南史》《宋书》等记载，檀道济被抓时，狠狠地把头巾摘下，摔落在地上，厉声高喝：“乃复坏汝万里之长城！”最后，檀道济被处死。消息传到北魏后，魏军无不欢欣，相互庆祝说：“道济已死，吴子辈不足复惮。”认为檀道济一死，南方无可畏惧的人了。果然，檀道济死后，淮河流域的屏障不复存在，到元嘉二十七年（450），北魏大军长驱直入，直逼都城建康。据载，此时宋文帝登石头城北望嗟叹，认为檀道济如果还在，南朝宋不会到这个地步。

相较于自许长城的檀道济，还有一些被称作“万里长城”的历史人物，他们最终的结局都胜过檀道济太多。譬如唐朝的名将李世勣，他是唐初的开国将领，后也被册拜为司空，是凌烟阁二十四功臣之一。早年跟随李世民平定四方，后来成为唐王朝开疆拓土的主要战将之一，曾破东突厥、高句丽，一生功勋卓著。太宗时期，他曾镇守并州共16年，令行禁止，曾于武德八年（625）在太谷攻击突厥，致使突厥战败。李世民曾对身边侍臣夸赞李世勣，他认为，隋炀帝不能选贤用才，安抚边境，只知筑长城来防备突厥，对世情认识竟糊涂至此。他现在委任李世勣在并州镇守，就使突厥畏惧他的威名而逃走，边塞清净安宁，难道不远远胜过修筑长城吗?李世勣历经唐高祖、唐太宗、唐高宗三朝，出将入相，深得朝廷信任和重任，被朝廷倚为“长城”。总章二年（669），李世勣因病去世，高宗李治亲自安置祭奠，令百官送灵，仿照阴山、铁山及乌德鞬建山外形筑坟，形制以卫青、霍去病等名将先例为准，用来表彰他击败突厥、薛延陀的功劳。明朝的徐达也是开国军事统帅，曾被朱元璋倚任为“万里长城之寄”。徐达自年少时就参加了朱元璋领导的起义军，一生刚毅勇武，持重有谋，屡统大军，转战南北，战功赫赫，被朱元璋誉为“万里长城”。他去世后，被追封为中山王，赐葬钟山之阴，神位配享太庙，肖像进入功臣庙，为明朝开国第一功臣，位列开国“六王”之首。

檀道济、李世勣、徐达，这些被喻作“长城”的人，有诸多共同点：都是开国功臣，不世出的名将，都在对北方的战事中，立下过赫赫战功，对外有强大的震慑作用。而这些“长城”化身结局不同，主要在自身性格以及与君主的关系处理上，李世勣、徐达功高不矜，他们的长城美名都是出自君王之口，而檀道济则自喻长城，受到君主猜忌。总之，以长城指喻为人，特别是军人其来有自，但整体上长城仅指向单一的个体，他们都是孔武有力的男性，是一朝的能臣名将。但真正如长城一样保国定邦、守卫边疆的普通军民，却没有出现在封建王朝统治者的眼中。

32

晚清海防、塞防之争对长城有何影响?

1874 年，才堪堪从太平天国、捻军等农民起义运动冲击中恢复几分的清王朝，又遇到一件令其颜面无光的事件，日本借口所谓的琉球漂流船民被杀事件，出兵侵略台湾。此事虽经英国出面“调停”，以清廷赔付日本白银 50 万两了结，但围绕着“海防”和“塞防”究竟孰轻孰重，清廷内部爆发了激烈辩论。自从被以英国为首的西方列强用枪炮轰开大门以来，大清帝国仿佛认识了一个全新的世界，以“中国”为中心的传统陆权观念被西方列强的蛮横武力敲得粉碎，清政府无法阻挡列强进入中国进行瓜分。以“四海之内”为疆域的清帝国，意识到自己面临着“三千余年未有之变局”，需要重新面对夷狄的袭扰，但这个令帝国倾覆的敌人，并不是来自一直防备的西北边陲，而是从长久被视为统治尽头的海洋上前来。清廷统治集团出现分别以优先海防的李鸿章、重视塞防的左宗棠两派政策之争，直接影响到长城在国家军事防务中的角色和地位。

两方争论的背景，除了对日海上受挫屈辱赔款外，还有西北的紧张情势。是时，沙俄、英国等外国侵略势力都对新疆虎视眈眈，这些外来势力与地方上各种反动势力勾结，不断蚕食新疆地区。特别是英国支持的浩罕人阿古柏在新疆建立的所谓“哲德沙尔汗国”的伪政权，盘踞在新疆大片的土地上。另一边，沙俄在征服中亚的同时，以“代为收复”的名义武力强占了伊犁地区，进而要求阿古柏政权臣服。在多方外部势力的介入下，新疆有从当时的中国分裂出去的危险。在海上、塞北都遭遇危机、粮饷紧张的情况下，优先解决哪个问题，清廷内部有不同意见。

直隶总督兼北洋通商大臣、文华殿大学士李鸿章等人力主海防，以日本为主要假想敌，主张可以放弃塞防，以海防为重，停止出兵新疆，用节省下来粮饷补给海军。左宗棠则强烈驳斥放弃新疆的论调，他意识到西北塞防不稳固，北京直隶也会丧失门户，整个国家的安全将随之崩塌。新疆不稳固，陕甘一带的防卫力量会长期被牵制，招致英、俄等外部势力长驱直入，进一步侵略蚕食中国。为此，他呈上了《复陈海防塞防及关外剿抚粮运情形折》，也就是著名的左宗棠“万言书”，提出了“海防塞防，二者并重”的主张。以军机大臣文祥为首的一批人赞同左宗棠之见，全力支持出塞平叛新疆。光绪元年（1875），清廷命左宗棠督办新疆军务，西征收复新疆，实则代表同意左宗棠的意见。左宗棠把被多方势力割据的我国领土新疆，重新置于清政府统一管辖之下，使新疆被外国侵略者分裂出中国的阴谋无法得逞，可谓居功厥伟。

围绕“海防”和“塞防”孰为优先方面，两派虽有争论，但对于要加强海防是有共识的，左宗棠尽管强调不能放弃塞防，应以稳定西北为第一要务，但他此前曾创立福州船政局，深知海防的重要。对总理衙门提出的加强海防 6 条措施，左宗棠也与其他各省督抚大臣共同表示支持。这场争辩最终决定采纳左宗棠的意见，以“塞防和海防并重”告终，但争辩的公开化，也对外意味着传统的“海禁”思维不复存在，海洋从官方话语中解禁，极大地冲击到了传统中国中心的政治地理认知观念和长城边防要塞的地位。实际上，随着日本等列强从海上对中国进逼，后续清廷对海防的投入已明显重过塞防，昔日辉煌的塞防标志——长城也不可避免走向了被忽视、被废弃的命运。

33

长城周边发生过哪些重要战役？

长城虽然早期的用途主要在军事上，但主要是防御，是为了止战、避战，因此，长城可以说是一个和平的标志，是为了不打仗修建的。事实上，万里长城在绝大多数时候都没有打仗，是和平的。长城沿线的绝大多数地方，也很少发生大规模的战役。

但长城沿线为数不多的战役，都十分重要，在历史上留名。比如在王朝历史上，元狩四年（公元前 119）的漠北之战，汉武帝遣大将军卫青、骠骑将军霍去病出塞深入漠北攻打左贤王部，俘获屯头王、韩王等匈奴王室和大臣，歼灭匈奴 7 万余人，左贤王部精锐几乎损失殆尽，左贤王率亲信弃军逃走。霍去病挥军追杀至狼居胥山，并祭天告示军功，史称“封狼居胥”。后匈奴远遁，漠南再无王庭，实力日渐衰落。此战是汉武帝向匈奴战略进攻的顶点，也是匈奴伊稚斜单于与西汉毕其功于一役的战略大决战，意义重大。

还有一战是正统十四年（1449）发生在土木堡的“土木之变”，这是明朝抗击瓦剌的战争，也是明朝中央军队第一次经历的一场失败战役。此战明中央军溃败，20 余万人中阵亡三分之一，伤者居半，余者溃散。

瓦剌长驱直入，进攻宣府、大同，攻陷长城的白羊口、紫荆关、居庸关，直逼都城北京。明军的惨败除了军事指挥错误的直接原因外，与北方长城的边防废弛有密切关系。土木之变后，开国勋贵集团中的将领和靖难功臣集团消灭殆尽，文官集团势大，文武大臣和君主离心离德，国难日蹙。

近代以来的长城沿线战役，最具代表性的就是发生在抗日战争期间的长城抗战。1933 年 1 月，日本和伪满军队先攻占山海关，进而进逼热河，时热河省长汤玉麟不战而逃，3 月 4 日，省会承德失守，热河全境沦陷。敌军势力由此进入长城沿线，长城各隘口遭到敌方优势兵力进攻并受到火力狂轰滥炸，国民党方面派遣第 29 军宋哲元等部与日军在冷口、喜峰口、古北口、罗文峪、界岭口各处鏖战。第 29 军组成大刀队于喜峰口突击日军，歼敌数千名，是为喜峰口大捷，但最终 29 军由于军备不良与补给不足而撤退。之后中日签订《塘沽停战协定》，日军退回长城以北，而中国军队退让出长城以南区域，划出非武装区。抗日战争时期，还有 1937 年的南口战役、忻口战役、平型关大捷等。这些战役都发生在关口或长城沿线的城堡，是近代以来长城上最重要的几次战役，记录了中国军民顽强抵抗侵略的壮举。

◎ **延伸阅读**

长城可以带来和平的原因

长城可以带来和平的原因，主要有两方面。一方面，长城增加了攻战的成本。游牧民族长于机动性地闪击，攻坚战对游牧民族来说并不划算，他们缺乏足够的后方补给，难以持续进攻。这对农耕民族也是同样的，长城修建后，每年仅需固定的维护和必要的戍守兵力布置即可，相对于出塞攻战投入的粮饷，前者是十分划算的。

另一方面，是扩大合作交流的收益。由于长城内外生业不同，农耕民族需要肉、奶和马匹工具，游牧民族需要盐、布匹、粮食和铁器。大家所需各异，需要互通有无。除了常规的朝贡贸易外，边贸量更为巨大，而长城沿线设置的大量的关隘、市口，以及辅助交通的“暗门”，在和平时期都定期开放，是边民进行贸易的重要场所。因此，长城的存在，正因为从战争成本、和平收益的对比来看，和平都是理性的最好的选择。

34

“血肉长城”最初是在何种历史背景下提出的？

热河陷落、长城抗战失利之后，全国从上到下都弥漫了一股对国民政府消极抗战政策反省批评的气氛。尤其在民间，对坚持“攘外先安内”的蒋介石、“不抵抗”的张学良的批判更加激烈，对时热河省长汤玉麟不战而逃、对地方的横征暴敛有极大的愤慨，认为国民政府领导的中国军队不能抵抗日军、频频失利的原因，关键在于“民族精神的缺乏”，将领守军缺少血战到底的民族气节。而相应的，后续要从事抵抗、取得抗战的胜利，必先将不抵抗者撤惩，同时需要激发起民族的意识，提振全国共同御侮精神，才能有全民族的觉醒与团结。

在这一时期，长城抗战中宋哲元等 29 军部的抵抗的形象、大刀队悍不畏死的英勇表现等，前线将士悲壮发声“倭有枪炮，我有血肉”，和长城的视觉图像随着在大众报刊上发表而在社会上广泛传播，让国人意识到，作为天险的长城已经难以依靠，只有血和肉做成的万里长城才能不被敌人摧毁，中华民族需要的是新的“血肉长城”。和“血肉长城”图像相连的，还有官方重新修正后的抗战宣言，山海关失陷后，张学良向社会表态“愿以精神和热血”，来保卫祖国。国民政府到3月以政府名义表态，时任监察院院长的于右任发表“对外檄文”，慰勉前线将士“以血肉御外侮、以精神保国族”。这种自下而上的以“血肉长城”奋勇抵抗的态度逐渐成为全国共同的意志。

长城抗战结束后，尽管长城各关口失守，但大众对于“血肉之躯可以抵御飞机大炮”的信念和抵抗侵略的决心更加坚定了，这为后来“用血和肉做成的长城”的出现奠定了基础。

但这一时期“血肉长城”的主体，更多还是抗战的军人，而将民众化为长城主体的，是依靠1934年田汉作词、1935年聂耳作曲的《义勇军进行曲》实现的。歌曲中的“起来，不愿做奴隶的人们，把我们的血肉筑成我们新的长城”成为中华民族发出的全民抗战最强音，也让“血肉长城”具备更进一步在社会大众中传播的可能性。《义勇军进行曲》面世后很快便十分流行，不仅在重庆、武汉等当时的大都市，在城镇乡野也都到处飘扬着。甚至才会说话的小孩也会唱《义勇军进行曲》。这一方面，是依靠电影电台传播；另一方面，与群众性运动结合起来，在重要抗战纪念日组织学唱《义勇军进行曲》成为一个必要环节。例如，1936年上海的淞沪抗战四周年纪念日、1937年“九一八”六周年纪念日等群众集会，等等，都有合唱《义勇军进行曲》的环节。在“七七事变”，特别是“八一三”事件之后，全民抗战的基础越来越牢固，“血肉长城”传唱的全民性也越来越高。

“血肉长城”的出现，被视作全民族抗战的重要标志。它是在长城抗战受挫、民族危亡感上升的背景之下，战场英勇牺牲的抗战铁血军人，在无形中已经成为华北各界民众心目中的“血肉长城”。长城抗战结束后，尽管长城各关口为日军占据，但大众“血肉可以胜敌”“血肉之躯可以抵御飞机大炮”的信念和抵抗之决心愈坚，凝聚了愈来愈多不怕牺牲、坚决抵抗的救国军民，不断影响和感染着每个不愿做奴隶的中华儿女自觉参与到民族抗战的统一战线中来。

35

长城是怎样成为公认的世界奇迹的？获得“the Great Wall”的称谓的？

1987 年，长城作为文化遗产首批被列入《世界文化遗产名录》，显示出其跨越东西方的、世界性的影响力，它甚至一度被认为是在太空肉眼可见的一个人造物。世界性对长城印象和认知的最为重要的概念，无疑是“the Great Wall”一词，中文对应“万里长城”。它来自启蒙思想家、汉学家基于历史对东方的遥远想象和旅华游记的表述造出来的一个概念。

在 4 世纪的诗歌和地理志中，欧洲用“东方高墙”“希里斯（拉丁文：Seres）城墙”来指代长城，在远赴东方的冒险家、修士记述的游记、见闻录中，多用“中国大墙”“长墙”，这些具有作为“城堡外墙”和“防御墙”的原初含义的词语，却远非事实。早期的东方“城墙”很明显是想象的产物，对长城的特征描述零碎、肤浅、失实，这与当时欧洲人对于东方多是耳闻，而未目睹有关。这些模糊、错误的长城印象来自西方对东方古典地理知识，这些知识与想象和异闻还有神话有关，比如将长城和《旧约》

中亚历山大大帝建造的“铜铁城墙”相联系，从中找到形象和意义上的相似性，如带城门的坚固高墙的空间形态。

进入地理大发现时期后，随着东西方的交往，长城的地理位置、空间外形、修筑历史、材料技术等最具体、实在的信息内容逐渐成为主要空间形象特征，修正了西方早期对“城墙”的错误认知。大量有具象空间和建置特征的形容词界定的长城形象在相应文本中得到摹写，务求使所有未亲见长城的西方人信服于文本表述的真实性。这一时期，在视觉领域也率先出现了相对写实的、大范围传布的长城绘画。17、18 世纪的启蒙思想家和欧洲使团，将长城与金字塔等世界奇迹反复言说并突出称颂，诸多见闻文本反复称颂长城为“人类最伟大的杰作”“世间无匹的奇迹”，旅华之士带回西方的信息是全世界所有堡垒和防御工事的所有砖石叠加起来，也无法与中国长城的伟大相提并论。“Great”（伟大的）逐步成为“中国墙”的定冠词。到 19 世纪末时，“the Great Wall”的用法已在欧洲绝大多数地区固定下来，取代“长墙”“中国墙”等称谓，一统对“长城”的指认。进入 18 世纪后，“the Great Wall”对其他“中国墙”称谓实现统合，最终寻找到一个词语将长城的意义固定下来，“Great”基本成为西方对长城雄伟空间建筑形象的一致性形容。

从早期的“东方高墙”“希里斯城墙”等称谓，到用 the Great Wall（“伟大的墙”）一统对“长城”的指认，这中间有一段漫长的、复杂的过程。但总的来看，从西方首先接触长城的 4 世纪以来，西方对长城的称谓都离不开与“中国”或“东方”的联系，长城一直以来是他们遥想东方、想象中国的重要凭借物。“The Great Wall”带着西方对东方、中国的情感想象投射，一路沿着理想化的脉络，以夸张壮丽的“奇迹”姿态猛进，成为一个起于西方遥想、最终被东西方共同体认的人类文明的“神话”。

36

为什么从语言学上说克里米亚、克里姆林和长城同源？

作为具有世界影响的人类奇迹造物，在不同民族语言中，都有有关长城的特殊称谓，可以看到现在不管是中文使用的“长城”、英语世界使用的“the Great Wall”的称谓，在历史上并不是一个固定的名词，也并非被一以贯之地使用。除此以外，不同时域、不同民族，使用了不同的词汇来指称长城，这些词汇当中可以找到东西方语言早期交汇交流的痕迹，反映了不同知识体系、文明文化的继承，和对长城的审美、情感、认知的改造。

比如说，在最靠近长城的北方民族蒙古族语汇当中，使用“查干赫日莫”来代指长城。“查干赫日莫”是一个复合词，组成其词发音的“查干”（čagan）、“赫日莫”（Herem），“čagan”是一个修饰语，意即“白色的”，词根“Herem”是“墙”的意思。蒙古语造词经常用颜色来衬托事物的地位，他们的文化里尚白尚蓝，草原为“蓝色草原”，故乡称“蓝色故乡”，呼和诺尔——草原部落的圣湖，也被称为“蓝青之湖”，寄寓自身对自然、母亲的亲密情感。他们同样视白为圣洁之色，是长生天（苍天）的颜色，内含虔敬之意。颜色的差异，虽有就地取材、因地施造的缘故，与我们现在认知的青灰墙体的视觉意象有很大差别，但仍能从中略窥当时的社会和族群情状。

细究“Herem”，可以发现其与俄语的Кры́м（Qırım，克里米亚）是拥有共通词源的，因为字母K不发音，所以二者读音是一致的。大多数语言学研究人员相信“Qırım”这个词来自古老的突厥语，意思是“护城河”和“城堡”。俄语属于印欧语系斯拉夫语，相关词语可能是从蒙古语中借鉴过去的，俄罗斯西伯利亚西南部仍有部分地区使用西伯利亚鞑靼语。13世纪蒙古帝国西征，建立地跨亚欧大陆的帝国，因此，蒙古语在历史上对俄语、鞑靼语都产生过深刻的影响。蒙古兴起后，鞑靼是蒙古汗国统治下的一个部落。蒙古西征时，中亚人和欧洲人将蒙古人统称为“鞑靼”。除了“Qırım”外，语言学家在俄语中发现了 2000 个鞑靼语词汇，大部分指衣服和食物，例如茶、饺子等，而这些可能是鞑靼人从蒙古族人，蒙古族人从中原汉民族那里学来的。我们今天熟悉的“乌拉”（Ura，意思是“万岁！”）的俄罗斯民族的口号，其实也来自鞑靼—蒙古族人。“Ura”来自蒙古族语言中的“Uragsha”，是“前进”的意思。

亚欧大陆上语言极具多样性，但在长城的指代上，相应专有的名词，都有一定的同源性，蒙古语里的“赫日莫”(Herem)，鞑靼语里的“Кырым”，俄罗斯语里的“Кры́м”。它们尽管有着截然不同的语系分野，但却有着高度相似的发音，同时分享着类似的城墙、护城河、坚固城堡的语意。这似乎让我们不得不倾向于一种合理的猜测，相应的词汇或者对长城的知识，必定在历史上的某一个时期里，随着民族迁徙、战争和融合活动，经历了路途漫长地扩散。而远在中亚、西亚乃至于欧洲的住民，在相应知识的分享和语言的学习中，让他们足不出户，便足以遥想到在东方，有一座如城堡般坚不可摧的长城存在。

第二篇 文化艺术

37

长城是文化线还是文化带？

有些观点认为，长城是一条文化线，隔出了农耕、游牧两种生活方式，是一条分明的文明分割线，两边文化特色鲜明。实际不然，比起界限分明、强调差异性的文化线，将长城称之为文化带似乎更为合适。

谈到“文化带”（Cultural Zone）的概念，不得不提及“文化区”，前者是从后者派生出来的重要概念。文化区是人类学研究的单位，是指按照文化特质对一个区域进行划分，不同区域内的居民或部族，或多或少拥有该区域共同具有的文化特质，例如饮食、服饰、婚葬、信仰、祭仪、图腾、器物等生活方式与习俗。根据文化相关特征和在地理空间上的分布，长城两边首先各自有大的文化区域，有独特的文化地貌和景观，区域内享有类似的文化习俗、感情和认知观念，比如农、牧的生产方式、祭祀文化习俗等。

同时，长城地带也是一条文化带。文化带是按照和文化区内文化中心的位置划分出来的。文化中心是区域内文化特质最为集中的地带，以距中心位置的不同，决定拥有最为典型、最为标准的文化特质有多少，从而形成各自的文化带。从大的中原农耕文化区域的角度来看，长城看似离文化中心地带的距离很远，但它并不属于文化区边缘或边境地带。从长城的修筑历史来看，楚方城等都在西周政权核心区周围，离西周正统的传统礼乐文化核心并不远。后来汉朝把长城进一步延展，一直修建到阴山、燕山，明朝将长城修建到燕山以南及阴山以南200千米，但这些地域也都属于华夏文明的近层辐射圈。从另一方面来说，长城的修筑虽然是在王朝疆域的边隅，但修建长城的资源，人、财、物都是伴随着王令调动过去的，一个国家的资源集中向北调配，同时又伴随着大量原先治内的居民外迁，这些都来自核心文明的直接输出。所以说，长城区域是地理区域的相对边缘，但在整个中华文明区域内却并非位于边缘地区，和中华文明的中心区域多有重叠，具有共同或相似的文化特征、生活样式。从考古发现来看，在很多长城沿线出土的文书文物中，汉字书写的儒家典籍等，都被大量发现，可见汉地文明辐射之近。

从长城外的游牧文化区域来讲，长城地带在地理位置上距离匈奴活跃的漠南草原并不远，在文化上更是接近其中心。因此，长城地带向南、向北离中原农耕文化区域、草原游牧文化区域的中心都不远，共同享有两种文化区最为典型、最为标准的文化特质。这种混合兼容的文化特质，也使长城地带成为一条独特的文化带，有混杂的、具有融合特征的文化特质，是农业文化与游牧文化的汇聚融合带。历史上，长城内外的农耕、游牧势力有过交战，但内外的经贸交流和文化融合从未曾间断。长城文化带内，农牧交错，交往交流频密，既存在着调节农耕游牧不同的生产方式、生活方式冲突与融合的制度文化，也有围绕长城制定的战略战术及从中体现的军事思想、长城沿边贸易中体现的经济思想，以及依托长城调节民族关系，巩固“多民族大一统”的政治观念等内容。我们文化的多元一体性率先都在长城地带得到了体现。

38

长城建筑整体呈现出何种美学特征？

历经 2000 多年修建而成的长城，堑山湮谷，蜿蜒万里，将人工构筑的防御工事和自然屏障完美组合，构成了极为丰富的文化遗产和规模庞大的建筑遗产。特别是到明清以后，长城的军防实用性功能消退，积淀的审美功能相应地抬升。1987 年，长城成为中国首批入选的世界文化遗产。长城世界遗产委员会对长城的评价是：“长城成为世界上最长的军事设施。它在文化艺术上的价值，足以与其在历史和战略上的重要性相媲美。”可见，长城建筑具有极高的艺术审美价值。

长城在今人看来，比较一致地被认为是雄伟壮美的代表。壮美即阳刚美，在我国古代文论、画论中被称为“阳刚”。刘勰在《文心雕龙》中就特别提倡壮美，偏好阳刚的文辞美学要求。这种阳刚美的标志性特征，一方面，在外形上体现为宏大、粗犷，《论语》有云："大哉！尧之为君也。巍巍乎！唯天为大，唯尧则之。"我国古代把"美"与"大"联系在一起，将"大"作为美的一种形态；另一方面，在风格内韵上体现为雄伟、刚健，巨大的体积和深刻的精神内涵，是长城阳刚壮美之气的典型代表。构成长城这种审美特征的主要因素有两个。

第一，在于长城自身的建筑美与自然美的高度融合。陈子昂笔下的"星月开天，山川列地"，王之涣的"黄河远上，孤城万仞"、王维的"大漠孤烟，长河落日"，长城、大漠、大河、戈壁、骏马，这些恢宏、阳刚、雄巨的审美意象，带着粗犷的豪气、野性和惊人的浪漫，呈现出"大而美"的特征。

第二，在于长城的审美形式与悲剧性精神内涵的高度统一。西方美学史上认为，壮美、崇高之美，和古希腊悲剧相契合。长城建筑美学特征具有相对的稳定性和统一性，有总体的风格和底蕴，即悲壮与豪迈。有关描写长城边塞的诗歌，尤其是初盛唐时期的边塞诗，尽管面对苦寒寂寥的边塞生活和生死征戍，却能够超脱出孤寒、愁怨的情感框架，长城边塞的雄浑壮景和将士守土卫国的雄壮气概交相呼应、相依相伴、交往共生，使人陡生一股慷慨赴死、建功立业的豪气，显现出一种豁达的、有更高精神价值追求的超脱情怀。

这种时代审美上的阳刚、悲壮的总体特征，多出现在国力升腾、民族向上的时局环境下。像唐朝，初盛唐诗人创作的边塞诗多集中歌颂王朝的强盛以及诗人渴望奔赴疆场建功立业的情志，在进取的军事态度下，长城边塞呈现出一派雄浑壮阔的景象，在空间、力量和情感上都有至大刚健的美感。同时，为国牺牲的悲壮也是这一时代文学作品最典型的审美特征，这种"雄壮的阳刚"气质，在中国面对悲剧和异族的战争暴行时所爆发，凝聚出一种团结、不畏牺牲的国民性，抗日战争时期"用我们的血肉筑起新长城”就是相关特质爆发的真实写照。可以说，抗战胜利就是这种阳刚国民性催动的胜利。在今天整个中华民族走向伟大复兴的历史时期，长城的这种雄伟阳刚的美学特征和精神特质也越来越密集地出现，成为新时代的审美风格。

39

长城何时被纳入文艺作品书写？

长城很早便是文艺作品书写的对象，也被较早开拓经营为一种典型的审美意象。流传下来大量边关将士、文人墨客、艺匠画师、征人思妇，乃至王朝统治者以长城为题材创作的文艺作品，以及在民间土壤中孕育流传、生生不息的与长城相关的传说故事。在这些与长城相关的文艺形式当中，最早对长城进行关注描写的，是民间传唱的歌谣，据传最早是由秦朝的底层老百姓创作的。秦是长城首次大规模修筑的时期，无论是战国时期的秦长城，抑或是统一六国以后的秦始皇长城，都为艺术创作提供了充分的素材。

长城相关的歌谣属于咏物类的歌谣，但相比于自然的气象、动物、植物，长城作为人造建筑物，是相对特别的。所见最早的、最具代表性的长城歌谣，是郦道元《水经注》卷三所引的一首《秦民谣》：“生男慎勿举，生女哺用脯。不见长城下，尸骸相支拄。”歌谣延续“饥者歌其食，劳者歌其事”的现实主义传统，描写长城修筑劳役下对当时社会民间生活的巨大影响。较之这首歌谣，与秦长城的修建有紧密因果关系的还有一则谶谣（预言性质的歌谣），“亡秦者胡也”。据《史记 · 秦始皇本纪》记载，始皇帝从方士口中得到“亡秦者胡也”，他将“胡”解读为北方的匈奴，因而下令蒙恬率 30 万众北上击胡，并修造万里长城拒胡于外。而秦传到二世胡亥手中即亡。“亡秦者胡也”，终究还是以另一种形式得到印证了。可见，歌谣、万里长城乃至帝国命运间都有着极强的因果联系。

上述这些秦时歌谣，以长城人造物为对象，但也同自然咏物一样，从属于抒情和言志。歌谣抒发的是一种悲苦怨叹上层统治的强烈群体信念、社会意识，秦长城修筑有“戒胡”，延续秦万世统治等政治稳定的需要，但给底层人民带来了深重苦难，因此他们用众口相传的歌谣和谣言来进行抵抗。

《汉书》记载：“长城之歌，至今不绝。”秦时的长城歌谣在之后的文人诗中不断回响，比如东汉建安诗人陈琳的《饮马长城窟行》，杜甫堪称“诗史”的作品《兵车行》中也能看到对这首歌谣的延续，“信知生男恶，反是生女好。生女犹得嫁比邻，生男埋没随百草”。此后，不仅在长城诗文创作方面有此一脉相承的传统，而且有相关情节的传说故事、诗歌、戏曲等民间艺术，尽皆体现了一种悲苦深沉的民间情感。

◎ **延伸阅读**

长城歌谣

歌谣起于先秦时期，是原始口语时期交流的主要载体，最早是用来反映原始人的狩猎、祭祀、生活的，甚至在近现代的一些原始族群中，歌谣还发挥着沟通和记事的作用。有关长城的歌谣多属于咏物歌谣。早期人类生活在自然之中，自然万物很容易成为人们吟咏的对象，因此在先秦歌谣中已经萌生了咏物的因素。虽是咏物歌谣，但它们在很大程度上是从属于抒情和言志的，长城相关歌谣也是如此。

40

长城民间传说的主题类型有哪些？

最早的关于长城的描述，除了歌谣外，还有长城相关的传说故事。这两者都属于口头文化形式，反映了人民对长城的看法和感情。长城相关的传说故事很多，流布的范围遍布全国各地，甚至在一些距离长城十分遥远的地方，都有长城的传说。长城传说有 3 种主要的类型，长城修筑传说、长城遗迹传说、长城人物传说，分布都很广泛。

第一类是长城修筑传说，描写长城修建的神奇过程，渲染修建艰难的传说，像运用智慧巧妙快速运送大量砖石的《冰道运石》等传说。还有的是刻画修建过程中神人相助的传说，像《莲花女与长城》《张果老修拐脊楼》等传说。

第二类是长城遗迹传说，是长城关险、墩堡名字的由来，以及关台景观遗迹的传说，例如介绍长城三关的来历、特征、命名原因的《长城三关的传说》，以及介绍遗迹特别景观的《望京石》《升天石》等传说。

第三类是长城人物传说。和长城相关的人物有很多，比如修筑镇守长城关隘的名将英雄的传说，描写爱国杨家将的《杨家将把守长城》，刻画勇猛戚家军的《将军楼》。但从传播效力来看，长城人物传说，尤其是与秦始皇、孟姜女两大主题相关的传说数量最为众多，时域跨度也更为长远，自修筑到使用的过程中，故事本体和情节链条不断有所更新变化，相关故事也不像修筑传说、关隘遗迹传说那样多集中在长城沿线地带，而是扩散到非长城沿线，流传至大江南北。

从对现存民间传说资源的整理来看，秦始皇与长城的传说故事十分丰富，题材主要集中于“秦始皇是如何修筑长城的”，可以将相关故事大致归入民间故事中的“神奇故事”（Tales of magic）范畴，又可进一步分为若干次类型（亚型），各自又有相应的情节谱系。比如“天神和人故事”亚型，大致是残忍的秦始皇用计欺压百姓、神人帮助凡人修长城、无道的秦始皇被神仙戏弄、神仙帮助被欺压的百姓获得解脱等情节。再如“宝器故事”亚型，主要是有道德的人得到有魔力的宝物（例如，赶山神鞭）、秦始皇抢夺宝器、宝器被盗走的情节，以及“建造故事”亚型，大致是讲神奇工匠建造长城的智慧，代表性的故事有《砍石线与赶山鞭》等。

在秦始皇此类的长城人物传说的叙述中，长城和人物形象是紧密相关的，在早期有关秦始皇的传说中，长城是秦始皇暴政的背景。人们痛恨暴君，同样忘不了长城带来的深重苦难。但在后期有关杨家将、戚家军等人物的故事中，长城又成为保家卫国，和英雄为伴的神圣建筑。作为人造奇迹的长城，本身并没有价值的偏向，在历史的演变中、故事的讲述中，长城充分映照出的是创造者和守护者的力量。

41

孟姜女原型哭的居然不是长城？长城缘何成为被哭倒的对象？

孟姜女哭长城是长城人物传说的重要主题，数量最为众多，产生了诸多变文版本，长城在不同版本变文中呈现出不同的面貌和文化意义。综合顾颉刚等学者对孟姜女故事的研究，可以发现从故事演变时间上看，孟姜女哭长城传说的形成有一个漫长的过程，尽管现在通行的孟姜女传说将故事的背景安置在秦始皇修长城时期，但早期故事版本却与秦、与长城并无任何关联。那时空背景是如何转换置入到故事当中的呢？

历史学家顾颉刚从《左传》《列女传》《琱玉集》《孟姜仙女宝卷》等文献对孟姜女传说的形态演变进行梳理，他将孟姜女传说的最初原型锁定在《左传》记述的“杞梁妻拒不郊吊”的故事上。《左传》这则故事发生在齐庄公五年（公元前 549）秋，齐将杞梁在袭莒战斗中被俘虏而死。大军返回国都途中，杞梁之妻于郊外迎柩，齐庄公派侍从吊唁。杞梁之妻认为按照礼法，杞梁被俘而亡，君主不能吊唁。如果君主赐免于罪，还有先人门庭在，应当还家而不该在郊外接受吊唁。齐庄公听闻后亲至其家中吊唁。这则记载在信史中的旧事，未有提及长城，也并不具备后世孟姜女传说中寻夫寻骨、哭长城等重要情节，主要表现出一种对待礼的思想，讴歌的是杞梁妻明礼知礼、以礼处事、大义凛然的性格。

《列女传》中的“城”当然是齐国都城临淄的外城，而不大可能是指长城。有一些观点认为，“哭夫”的发生地在齐长城。这从逻辑上来看是不成立的，齐尽管有齐长城，但修建时间晚于齐袭莒杞梁死的时间。且齐长城分布在泰沂济水附近，距离临淄还很遥远，并不属城郊。足可见在《列女传》所著的汉朝，杞梁妻哭崩之“城”与孟姜女哭倒之“秦长城”，两者间还未建立起联系，也不存在“齐长城”这个载体。

《列女传》后，唐初类书《琱玉集》引《同贤记》不光将杞梁妻的故事演绎补全。特别是《琱玉集》这一版本有一重要突破，首次把杞梁妻哭崩之“城”与“秦长城”联系在一起，故事的时空实现由“齐”到“秦”的转换。对“杞梁妻哭夫城崩”的故事，重新调整了叙事设定，齐国将领杞梁成为役人“杞良”，是被秦始皇强征筑长城的六国遗民。杞梁妻有了孟姓，名曰仲姿，是秦北地富豪之家的女儿。在“哭夫”“城崩”的经典情节之上，新增了杞良逃役、杞孟两人相识成亲、杞良受秦吏迫害尸首被筑入长城、仲姿寻夫滴血认骨等情节，和现在流传的孟姜女传说已经很接近了。基本可以确定，到唐末时，长城已经成为孟姜女传说的核心意象，对其描写的内容充实，围绕其产生的情节不断丰富，长城的形象也不断得到拓展和深化。

从战国齐到唐这中间，围绕杞梁妻这则历史旧事，所衍生出从“城”到“长城”的递嬗、“齐”到“秦”的转换，时间大致经历了 1000 余年。这说明在当时流行的民间叙事里、民众想象中，“城”与“长城”，“长城”和“秦”是系扣在一处的，秦筑长城，民哭长城，这是下意识的思维联结。就和犹太人对着悲戚啜泣的必然是那一堵“哭墙”一样，后世之人一提到“哭倒的城”则必然是“长城”，提到“长城”则必然是“秦”，又必然联想到的是始皇帝的暴政和人民的悲惨控诉了。

42

乐府古辞《饮马长城窟行》的“长城窟”在何处？有何文化意涵？

长城有关的诗歌最早的源头在乐府古辞，乐府体裁多兴于汉魏。“乐府”是汉时设立的掌管音乐的官监，除了宫廷宴饮、祭祀演乐外，并有采集民间歌谣配以乐曲，两者相合始有乐府诗，承袭《诗经》风、雅传统，既有音乐性的美感，又纳“采诗观风”之用。和长城相关的乐府古辞众多，有《饮马长城窟行》《陇头》《出塞》《入关》《关山月》《燕歌行》《紫骝马》《骢马驱》等曲题。在唱和规模和传唱广度上，以《饮马长城窟行》为盛。

“饮马长城窟，水寒伤马骨”，这是东汉诗人陈琳《饮马长城窟行》中的首句。这首乐府古辞沿用长城谣“生男慎莫举，生女哺用脯。不见长城下，尸骸相支拄”4句，在此基础上，将其情境化、故事化，描写长城劳役之苦。产生了在外筑长城的“独人之夫”、在家的“寡人之妻”以及监督修筑长城的“长城吏”3个角色，彼此形成对话互动，之间既有分叙，又有合叙。比如以寡妇孤男之间以作书、报书的形式，一问一答，夫作书“劝妻另嫁”，妇报书“不独自全”，以夫妇间哀婉缠绵之情，与长城吏“举筑谐声”的强硬命令相对，形成强烈对比，抒发了对筑城之役下室家不完、老幼失养的人伦惨剧的控诉。

陈琳之外，《饮马长城窟行》古辞另有一源头，也就是无名氏版本的《饮马长城窟行》，以“青青河畔草，绵绵思远道”为首句，同样是脍炙人口。这两个版本，在学界一直存在先后之争，究竟谁为本辞、谁为拟作?争辩未有定论。但从文学史上看，两者共为“饮马长城窟行”主题的宗源，一道确立了书写传统。唐吴兢在《乐府古题要解》中对古题的两个版本进行分别阐发，认为无名氏的“青青河畔草”一首是“伤良人流宕不归”，写闺妇思夫之情状；陈琳的“水寒伤马骨”，则言“秦人苦长城之役也”，是写劳役之苦的。后世依题拟古之作，多沿袭这两种传统，但在总体感情基调上，都以哀怨为主。

明末朱嘉徵在《乐府广序》中评价“乱国之音怨以怒”，《饮马长城窟行》，筑城怨曲也。这首著名的“怨曲”，与《诗经·小雅》中著名的《渐渐之石》《苕之华》《何草不黄》3首风谣之怨本出一源，共同发出人命莫如草石的悲怨泣诉，控诉暴政苛虐之下，人已匪（非）人，民已匪（非）民。人命之贱，犹与兽同。如同越林穿莽的“白蹢豕”（白脚的野猪）、“芃者狐”（毛发蓬乱的狐狸）、“坟首牂羊”（头大身瘦的羊）一样，尽管天地之大，却始终难觅栖所，一切毫无希望，却又无从改变这种命运。在艰难乱世中，这种无望的“怨”、无尽的“诉”是如此铺天盖地、厚重绵密，它们在时空的暗河里集结涌动，随时感时局民情、应文人情思显现，发出震颤时代、直击人心的巨大轰鸣。

43

《饮马长城窟行》为何成为皇帝写得最多的“命题诗文”？

《饮马长城窟行》绝对可以称得上是乐府古辞中的热门大IP（知识财产），以其为题进行再度创作、唱和的规模十分庞大，不光历朝历代的文人学者唱和者甚多，连身为各朝最高统治者的皇帝都有很多拟作，堪称命题诗文里的“常见高频考题”，这在其他古题创作上是绝无仅有的。

领风气之先的首位皇帝是魏文帝曹丕，他的拟作是这样写的：“浮舟横大江，讨彼犯荆虏。武将齐贯錍，征人伐金鼓。长戟十万队，幽冀百石弩。发机若雷电，一发连四五。”曹丕创作这首诗歌的时候，正是他刚刚登上权力之巅，准备兴师伐吴的时候。这位年轻有为的统治者，短暂的一生中积极折冲疆场，渴望早日统一山河。因此，在这样的背景下，曹丕所作的《饮马长城窟行》，根本找不到陈琳或者无名氏作品中的哀怨愁苦的影子，而是洋溢着诗人勇武建功的豪情，而且所用皆为五言，词句清健古朴，无愧于“天才骏发”的评价。

“征马入他乡，山花此夜光。离群嘶向影，因风屡动香。……”这是南朝陈最后一个皇帝陈叔宝的《饮马长城窟行》，这位在历史上留名的亡国之君，在16岁那年（太建元年），就被嗣立为太子，太建十四年（582）登上帝位，同样可以称得上是年少。但在位期间，他大建宫室，耽于享乐，他写《饮马长城窟行》，咏长城边塞和歌咏楼台美人、春花秋月并没有什么不同，只是宫廷游宴之上，文人间应酬唱和的多种题材之一，整体韵律和谐、风韵柔美，有宫体诗的传统。

接下来的另一位皇帝，是大名鼎鼎的隋炀帝杨广。大业五年（609），他在西征吐谷浑途中作《饮马长城窟行·示从征群臣》：“肃肃秋风起，悠悠行万里。万里何所行，横漠筑长城。……”诗中描写的北地风貌景物和戎马生活，大气真实，诗中显示的豪情，正是来自其当时一统定邦、西征得胜的功劳。在隋炀帝亲征下，隋军大胜，吐谷浑东西4000里，南北2000里故地尽入隋境。在这样的胜利的行军途中，炀帝用《饮马长城窟行》旧题，一扫南朝时拟作的颓靡和脂粉气，气象开阔，也扫除了自秦以来萦绕于长城之上的苦、哀、怨的意象，让长城以雄壮的美感、庇护黎民的正面情感形象出现。

唐作为隋的继任者，其统治者对炀帝、对长城修筑的态度不以为然。李世民亦不止一次表达“不修长城”的意愿，但他同样写下了和隋炀帝同题的诗作：“塞外悲风切，交河冰已结。瀚海百重波，阴山千里雪。……”相较于炀帝将边地安宁之功归于长城，李世民的诗中更突出主动征战、突出“人”的功绩。在李世民看来，边远、荒凉的边界上不需要长城，只需君主有以身着戎装亲赴边关之念，朝廷就会不断有凯歌高奏。唐朝全盛之时，的确如这两句所描述的那样，没有大规模修筑长城边防，依靠天子按剑、一清玉塞的决心意志，保证了天下安宁。

最后的王朝——大清，乾隆皇帝弘历也曾留下《饮马长城窟行》，充满实现大一统的骄矜和自得，是对前面所有皇帝的炫耀之作。“饮马长城窟，流来塞外水。撑犁头曼久外臣，息燧销兵亦久矣。……”原先令历朝头痛的北方草原，早已经臣服于大清，长城安宁、息燧销兵久矣。这位统治者充分吸收唐太宗的“民本”思想，以民心而非长城险固为定邦之本，认为以人力修建长城以限定南北是徒劳无功之事，南北相通、内外一家是为天地自然之定理，这背后当然是以极为坚实的多民族大一统政治和社会现实为基础的。

总之，《饮马长城窟行》的确是皇帝创作最多的“命题诗文”，历代统治者留下众多再创作的作品。这其中，陈叔宝、杨广都可以说是亡国之君；曹丕、李世民、弘历都可以称得上是兴国之君。国内的政治、时代的影子、个人的豪情，都在同一命题的创作中一览无余。

44

边塞诗为何将长城作为一个经典审美意象？

长城最早成为边塞诗的一个意象，是在秦汉民歌、汉魏乐府之中，同《胡笳十八拍》中的胡笳、冰霜、烽火、胡风、边月，《饮马长城窟行》《陇头》《出塞》《入关》《骢马驱》等古辞中的马、长戟、金鼓、战甲等，还有阴山、疏勒、蓟门、交河等一样。它们提出了很多北地、边塞独有的自然意象、地名意象、人文意象，共同确立了边地意象体系，不仅构建了长城地带的地理空间，而且作为一种知识系统，为后代边塞诗人所继承和精心经营。

边塞诗所描写的边塞主要是“长城一线，及陇西河右的边塞之地”，与长城在地理位置上存在高度重叠。边塞诗在唐朝蔚然成风，在初唐、盛唐、晚唐等时期都有大量的边塞诗歌的创作。比如说初唐时期，经历南陈至隋唐的文学家虞世南，他的《饮马长城窟行》：“驰马渡河干，流深马渡难。前逢锦车使，都护在楼兰。……”可以清楚看到南朝诗人王褒的《燕歌行》（陇西将军号都护，楼兰校尉称票姚）、《饮马长城窟行》（雪深无复道，冰合不生波）的痕迹，后来王维的名篇《使至塞上》（萧关逢候骑，都护在燕然）又明显从虞诗中有所学习，但相应的边塞风光意象也是一脉相承的。特别在意象选用上虽有延续性，王褒同题诗歌用“征骑”“长安”“旌门”“雪”“冰”“飞尘”“沙”“月”“雾”“秋风”等众多意象堆叠，虞诗拣选以“关”“陇”“马”“河”“都护”“楼兰”“温池”“栈道”“月”“云”“冰”等意象，到王维诗中，有“征蓬”“汉塞”“归雁”“胡天”“大漠”“长河”等。长城都作为意象出现，但都是边塞诗歌系列堆叠群像中的一个，在意象的快速交叉切换当中根本难以捕捉定位到清晰的长城身影。

盛唐时期的边塞诗人和其作品，鲜明地体现出盛唐的开阔昂扬气象，抒发了诗人扫清边尘、立功西极的雄心和必胜信心。这些诗人延续了对长城意象的选用，但更加精简，擅长用寥寥数个意象来勾勒长城边塞。像王昌龄的《出塞》名篇：“秦时明月汉时关，万里长征人未还。但使龙城飞将在，不教胡马度阴山。”意象简洁，却鲜明勾勒出塞外地域的特点，抒发了将士入塞时怀有万里长征、誓破楼兰的壮阔气魄。

中唐以后，国势渐弱，战乱频仍，征戍连连。诗人苦民所苦，诗中哀怨之音更重，尽显民之怨声，虽仍有建功报效的长城诗歌，却已无初、盛唐时的高昂情志。例如晚唐的诗僧子兰《饮马长城窟行》诗云：“游客长城下，饮马长城窟。马嘶闻水腥，为浸征人骨。”诗歌创作以写实为主，将战争惨烈极为状写，悲壮的诗歌风格自然流露。相关的边塞诗歌中多以慕古追思，尤多从秦王朝覆灭的终局出发以古写今，流露出对盛唐步入与秦一样的历史宿命的感慨。

唐代被称作边塞诗的盛世，在长城意象的营造上也是在地理现实、真实经验体认以外，开创性地推动长城意象远离本体，实现高度的文学化、想象化，为后世诗歌中的长城形象建立了比较稳定的意象系统和审美趋向。

45

长城诗如何体现“家国天下”的情怀？

古代有关长城的诗歌并没有一个明确的归类，直到近现代才有学者开始试图建构“长城诗”来进行概括，将以长城作为题材、反映长城边塞生活的诗歌作品，统归入“长城诗”范畴，但大多离不开边塞诗的大范围。有专门研究长城诗词的学者，将长城诗作品分为 5 类主题，即描绘奇丽的边塞风光、评论长城千秋功过、赞扬卫国将士家国情怀、称颂各族人民友好往来、反映劳动人民的辛劳疾苦。这其中，以家国情怀为主题的长城诗歌，构成主流。长城诗中的家国情怀，在唐特别是盛唐长城诗的创作中达到顶点。

“朔雪飘飘开雁门，平沙历乱卷蓬根。功名耻计擒生数，直斩楼兰报国恩。”（张仲素《塞下曲》）、“风霜臣节苦，岁月主恩深。为语西河使，知余报国心。”（崔颢《赠梁州张都督》）。这些以长城边塞生活为背景或题材的长城诗词，都有浓厚的家国情思，听鼓角争鸣，望烽火长城，走黄沙古道，闯刀光剑影。诗人笔下的将士们渴慕战死沙场、报效家国。而长城正是报效天子、抗击胡虏、建功立业的边塞前线。

唐朝长城诗歌中厚重的家国情怀，有如下几方面的基础。一是重武修文的政治基础。唐太宗确立“清玉塞、静三边”的治边战略，让整个帝国放弃坚固的长城边塞，而追求文治武功的修持，天子按剑守关的气魄带动有志士人到边塞异域建功。同时，朝廷建立 12 等级勋官制与慰恤制度，吸引民间的民众投军并让其享有升迁的机会，“圣主好文兼好武，封侯莫比汉皇年”，正是这一时期的真实写照。

二是疆域扩展的现实基础。唐是历史上国力最为鼎盛的大一统王朝，初期通过征战，完成中原南北的统一。“均田制”地推行，进一步激发生产力，经济社会在战后快速得到恢复和发展。生产力的发展为军事行动提供了坚实基础，支持对突厥、吐蕃的大规模战争，回纥等也在大唐兵力之下选择内附，统治区域从中原向外扩大疆域。极盛时，疆域“东至安东府，西至安西府，南至日南郡，北至单于府。南北如前汉之盛，东则不及，西则过之”①。伴随疆域向外开拓，长城地区的武装冲突也有所增加，这都成为长城诗创作激增的现实背景。

三是建功立业的社会基础。唐代前期战争频繁和胜利获取使得民族自信心极度高扬。边塞战争是当时社会关注度极高的社会议题，在战场上立功封侯也是民众们的真实渴求。战争和广阔疆域统治的人才需要，社会交

① ［后晋］刘昫：《旧唐书》卷三十八，中华书局 1975 年版。

往和评价中强调每个人靠自己取得的军功，而非以往如隋时一样强调门阀血统，推动社会审美标准向尚武建功移动，“立功绝域、万里封侯”成为大唐男儿的普遍理想。在这一时代背景下，英雄主义在社会氛围中弥漫，报国赴难、尚武轻生、建功立业的精神得到前所未有的发扬。包括士人知识分子在内的唐人满怀报国的雄心壮志，憧憬驰骋边疆、立功异域的进取心和荣誉感。而长城也成为相关诗文中重要的描写对象，成为健儿建功的地点，保家卫国的标志，成为我们家国记忆里重要的符号。

46

长城诗词如何体现和平意象？

长城是和平的象征，称颂各族人民的友好往来、和睦共处，是长城诗词的重要主题。对和平的赞颂追求，在诗词中主要有两方面的体现。一方面，体现为反战、厌战的情感。例如王昌龄作《塞下曲》：“饮马渡秋水，水寒风似刀。平沙日未没，黯黯见临洮。昔日长城战，咸言意气高。黄尘足今古，白骨乱蓬蒿。”（《塞下曲四首》其二）诗人描写昔日的古战场极度苦寒，萧关遍布枯黄芦草，秋风秋水冷寒似刀，对战争王昌龄并没有直接抒发胸臆，而是用写周遭环境、听人言议论的方式，写当时“长城之战”的情况。长城之战，是开元二年（714）的唐和吐蕃之间的战争。吐蕃以坌达焉、乞力徐等率兵 10 万寇临洮，进犯兰州、渭州，玄宗命朔方军总管王晙与摄右羽林将军薛讷合兵阻截攻打吐蕃，取得大捷，杀敌数万，获马羊 20 万。据新旧《唐书 · 吐蕃传》和《王晙列传》等载，吐蕃军残余败逃，死尸纵横相叠，洮水因此阻塞而不流。吐蕃遣使宗俄因子到洮河吊祭，请求与唐和好，玄宗不许，自此连年边境不宁。对这场史书着重记载的大捷，世人都称赞扬我方志气，“咸言意气高”。对此，诗人没有直接置评，而是以“黄尘足今古，白骨乱蓬蒿”作结。诗人讲从古到今，战争都是如此，无论当时如何意气风发、追逐马上功名，然而，命定的终局终究是“黄尘掩白骨”。全诗没有直接对长城之战的议论进行评价，却深刻地揭示出战争对生命的戕害，给人民带来的痛苦，蕴含了诗人对黩武战争的反感情绪和对和平的追求。

另一方面，则是体现为对“中外一家”“不分内外”的赞颂。盛唐诗人崔颢《雁门胡人歌》：“高山代郡东接燕，雁门胡人家近边。解放胡鹰逐塞鸟，能将代马猎秋田。”代郡、雁门为秦将蒙恬筑长城之地，自古以来烽火不熄。诗中呈现出长城边关附近的胡人悠闲自得的生活情景，“放鹰逐鸟”“骑马打猎”，闲时下山到酒家喝酒休憩。这种悠闲和融合，不仅在盛唐，在清中前期也得以实现，在当时的诗词中有所体现。

清乾隆帝弘历在《古长城》强调“中外一家”的政治理念。他指出：“然今果限谁，内外一家矣。”乾隆认为南北相通、内外一家是为自然的道理，没有理由用长城分南北。清乾隆朝的汉族臣子侯士骧在《边墙》中也说：“康时本无外，设险笑徒劳。”和平的时代，根本不分内外，用险障阻碍交往十分可笑。清朝宗室塞尔赫作《山海关》：“百年相继睹重华，中华而今已一家。出入惟凭一片纸，何劳关吏更相哗。”这些诗词都是诗人游历长城所见所感，诗人们看到长城门户不闭，南北相通的历史未见之景，真切表达了内外一家，永享太平的美好愿景。由皇帝到士人，从满蒙贵族到汉族，都强调“中外一家”“不分内外”，这些理念在清代长城诗中不断重复。诗文中的“中外一家”当然有极为坚实的政治和社会现实作为基础，既需要庞大的疆域以及强有力的中央统治，又要在外部上没有明显的敌对势力，这样才能为不同民族的经济、文化交流创造良好条件。

和平犹如空气和阳光，让人受益而不觉，失之则难存。几千年来，和平融入了中华民族的血脉中，刻进了各族人民的基因里，中华文明具有突出的和平性特质。作为边界的长城是早期民族形成的标志，而作为交往通道的长城也是塑造新的群体认同的关键，这种认同的建立是长期的，是多元一体民族生成的重要过程。而长城走过风风雨雨，穿过历史硝烟，到今朝已经是和平的象征，承载着各民族、全人类共同的渴求。

47

古代中国文人为何爱写胜过爱画长城?

从现存的资料看，古代有关长城的文字史志资料很充裕，诗词文赋很发达，但作为一个追求“诗书画”一体的社会，有关长城的绘画作品之寡却与长城的文字史志资料之丰不成比例，甚至可以说是稀缺的。为什么古代中国文人愿意写长城，却不爱画长城？这或许有如下原因。

第一，早期的长城军事使用价值占据主流。长城修筑使用主要是用于军事防御，由于位置又在苦寒边地，对其进行文学的想象是容易的，但给以具象的描绘是相对困难的。早期的长城视觉图案只在舆图比如《九边图》中出现，大多只是摆在朝堂之上，运用于统治、用兵和管理等场景。长城的建制形貌，具有军事布防的机密性，即使是如随军出塞或游历的文士，也不太会轻易用画笔描绘勾勒，而选用高度概括的诗文，依靠想象而非写实加以创作。

第二，早期的长城没有凝聚太多本体美学特征。长城诗文虽多，但长城的审美意象并不突出，更多是作为地理地名意象，起到空间定位的作用。长城隐于边塞之中，是塞内、塞外的空间营造和界定，但作为本体建筑，却难以独立成为一个审美的事物。从绘画角度而言，流传的有关边塞的画作多描绘游牧民族游猎、牧马、按鹰等生活场景。也有进行边地山水画创作的，但文人山水画中亦极少出现长城。在人物形象画中，比如牧羊的苏武、归汉的蔡文姬、出塞的昭君、哭城的孟姜女等，这些与长城有历史文化联系的人物倒是常有出现，但长城本体的美学特征并未吸引画家的注意。

图 2-1　袁江、袁耀《关城春晓图》（清初）

第三，从对艺术的接受和流传角度出发，越没有欣赏门槛的作品越容易得到流传。比如与长城相关的传说故事或民间谚谣，一般民众具备常规经验即可理解内容，通过口耳相传的方式延续下来，而且变文众多，流布甚广。一些诗文作品，虽具备高度的文学性、审美性，但同样有一些乐府可以编入乐歌、民间小调，进行碎片化的口耳相传。在绘画上，尽管视觉传播的效果似乎更加明显，但中国传统绘画主流为文人画，属于文人圈子内的艺术。比如清初画家袁江、袁耀的山水界画《关城春晓图》，虽绘有长城关塞的建筑元素，但主要作为界画，用于宫廷风格的屏风装饰，少对大众开放。像这样纯粹美学的长城绘画，作为视觉整体不可拆解元素，又难以通过口语等通俗形式进行传播，只能依赖与文人共同的视觉认知能力经验才可理解把握。因此，从接受的层面来说对艺术创作者并无甚吸引力，即使有相应作品，也只在当时较狭窄的文人圈子内分享，而无法借助大众进行传播和记忆保存。这或许也是古代长城绘画存世不多的原因。

◎ **延伸阅读**

什么是界画？

界画，是中国画画科中的一种，是指画家采用界尺画线的技法创作的画作。界尺，就是木匠用来画线分界的直尺，画家用界尺去描画宫室、楼台、屋宇等建筑物的线条与轮廓。因其作画特点，故又称作“匠学”。界画大都设色，作为装饰使用。

48

八达岭为什么成为被中外熟悉认可的万里长城形象“代言人”？

八达岭长城是现存明长城遗迹中规格建制最为完整、最高大雄伟的一

图 2-2 八达岭长城北四楼（山本赞七郎拍摄于 1895）

段，在国内外都享有盛名。它坐落于北京市延庆区军都山关沟古道北口。“北口”是元代遗留的旧称，与北京市北郊昌平区境内的“南口”相对。两口之间，有约 20 千米长的峡谷，谷内有著名关口“居庸关”，峡谷因此得名“关沟”，其正好处在太行山与燕山两大山脉的地理分界线上。“路从此分，四通八达，故名八达岭，是关山最高者。”八达岭高踞沟北最高处，地势呈两峰夹峙之状，一道中开，据高而扼下，是极其紧要的军事战略位置。八达岭长城就依山就势而建，成为居庸关的重要军事前哨，有“居庸之险，不在关城，而在八达岭”之说。

八达岭也被西方所熟悉，甚至可以说很多西方人认识的长城，就只是八达岭这一段。17 世纪中叶，荷兰、英国等西方国家的使团，以及更早的传教士陆续抵达中国，他们写下了众多的游记，并宣称自己实地游览了长城，赞叹它的雄壮，原先大多基于异闻和想象的长城，被更多西方人证实，激起了更多西方人探索的兴趣。同时，他们根据这些西行游记，也绘

图 2–3　八达岭长城北三楼向南（赫伯特·庞定拍摄于 1907）

制出了许多更细腻真切的图像。比如 18 世纪初荷兰出版的描绘 1693 年俄罗斯使臣来华的铜版画《使节穿越中国大墙》，1873 年在《插图伦敦新闻》上出现的铜雕版画等等，都出现了长城的具体图像，而观其形状，结合西方使臣的常用路线，描绘的应是八达岭长城段。这满足了许多未曾到过中国的西方人进入中国的愿望，也让他们在脑海中将八达岭长城作为中国长城的象征。除了依靠转述创作的绘画，摄影技术兴起后，很多来华的西方摄影师将镜头对准长城，在他们的镜头之下，八达岭也受到当之无愧的“专宠”。1871 年约翰·汤姆森、1885 年托马斯·蔡尔德、1895 年山本赞七郎、1907 年赫伯特·庞定、1912 年的帕塞特，这些当时知名的旅华摄影师都拍摄了大量八达岭长城的照片，部分照片被印刷在众多向西方流通销售的明信片上，在西方世界流行。值得一提的是，这一写实风格的八达岭长城图像，不仅在西方引起轰动，也在晚清、民国时期的国民画报中频频出现，传播甚为广泛，成为当时许多也未真正见过长城的中国国内民众对

图 2-4　八达岭南口城关（明信片）

长城的主要印象。

正是由于八达岭长城的中外知名度，新中国成立以后，对八达岭长城段的保护工作受到了党和国家的高度重视。1952 年，时政务院副总理兼文化教育委员会主任的郭沫若先生提议“修复八达岭长城，对外接待中外游人”，从此让饱经风霜、久负盛名的八达岭长城，在外交上开始了它的新的历史使命。1954 年 10 月，周恩来总理陪同印度总理尼赫鲁游览八达岭长城，这是中国长城接待的第一位外国领导人。1972 年 2 月，美国总统尼克松访华也同样游览了八达岭长城。据统计，自 1954 年起，已经有 520 位来自世界各地的国家元首、政府首脑以及 8000 多位部长级以上贵宾登临八达岭长城。他们留下了上千幅珍贵的照片和 200 多件宝贵的题词手迹，向世界宣传中国长城的壮美，也为八达岭长城在国际上继续做好“形象代言”。

49

鲁滨孙曾漂流到中国长城？

鲁滨孙是英国作家笛福于 1719 年出版的小说《鲁滨孙漂流记》里面的主人公。作为海难的幸存者，他依靠智慧，在一个偏僻荒凉的小岛上度过了 28 年。但很少有人知道《鲁滨孙漂流记》还有续集，而且续集中的鲁滨孙竟漂流到了中国，来到了长城脚下。

笛福是英国近代文学史首位重要的小说家，《鲁滨孙漂流记》出版受到当时社会的极大欢迎，并于次年很快推出续集《鲁滨孙再漂流》。在续集中，鲁滨孙来到中国，一路从澳门北上，先到南京，再到北京，然后进入草原沙漠漫游，而到长城游历是其必不可少的经历。

鲁滨孙抵达长城脚下，首先借助中国向导的话，对长城进行神话叙述。“我们正经过伟大的中国长城，这是一座用于抵御鞑靼的要塞，是世界之奇迹。它绵延在崇山峻岭之间，使得敌人难以越过、攀爬和隐藏。他们告诉我，它的长度在一千英里左右，但如果去掉曲折蜿蜒之处，它的直线长度大致为五百英里，高度约为四英寻。”而随同鲁滨孙的外国商队成员，也纷纷附和中国向导的话，颂扬长城为世纪奇迹。但鲁滨孙是沉默的，随后便展开鲁滨孙式倨傲和辛辣的批评。他批评长城是“形同虚设”的，长城虽然工程浩大但大而无当、大而无用。

在鲁滨孙看来，长城唯一的有益的用途是在于抵御鞑靼人，但即使鞑靼人毫无训练、没有秩序、纪律和规范，长城也都没有防住，而是放任鞑靼人入境，如同强盗一般劫掠，而长城的统治者和人民对此无知无觉。甚至在鲁滨孙看来，仅仅是英国两个连的坑道兵，就可以在 10 天之内将长城炸垮，彻底让长城连地基一起在地表上消失。而西方所听到的一切有关长城的伟大赞誉，不过是来自中国人的狂妄自大和自我夸耀。鲁滨孙对长城的评价，让随行的中国向导沉默了，自此再也未曾提及中国的伟大和强盛，鲁滨孙身边的外国商队随行者也再没人夸耀长城的伟大。笛福以鲁滨孙评价长城为中介，实际表达了西方对当时中国的某种偏见。

这些偏见当然是并不真切的，笛福本身从未到过中国，他对中国和长城的态度也是多变的。1705 年，他在小说《月中世界》中提到的中国和中国人民是有古老、睿智、文雅和聪敏等美好特质的，但在 1720 年的《鲁滨孙再漂流》中，他的态度完全逆转，认为中国是粗俗、自大的。著名汉学家史景迁试图解释笛福看法的变化，他认为“也许是由于个人信念的改变，笛福深信他的这种转变能取悦英国中产阶级读者”。对当时广大的英国中产阶级或者说欧洲的绝大多数人来说，中国的长城固然令人惊叹，但欧洲有训练良好的军队和炮舰，而这些足以摧毁中国人吹嘘不已的长城，西方的先进、文明，中国的落后、“野蛮”，这对当时的西方人而言，似乎是确信的。

50

首份长城的单页大幅“海报”出现于何时何处?

在旧时封建封闭的时候，由于交通工具的落后，人员流动管理的严格，长城的形象不仅不为外国人熟知，即使是中国人终生也未必可以见到长城，对长城只能是从一些民间传说故事、轶闻或者诗文介绍中进行片面地了解，模糊地想象。

从地理大发现之后，寻找遍地黄金的中国，探访东方神秘的长城，成为对西方探险者的一种致命诱惑。鸦片战争后，中国对外的门户被迫敞开，西方人开始频繁出入中国，也终于能够亲身实地到访长城，看到长城的真实形象。他们将长城的形象通过文字、绘画、拍摄照片的形式传回西方，让西方世界看到真实的长城。在这些形式里面，长城相关的摄影照片起到了重要的传播效果。

1839 年，法国人路易 · 雅克 · 曼德 · 达盖尔率先发明了摄影技术。从此，人们可以端坐家中，便能欣赏到千里之外的景色。而鸦片战争后，众多随列强而来的摄影师在中国拍摄了大量的长城风景照片，这些照片不仅在西方引发了极大轰动，对中国人来说也是神奇的，许多从未见过长城的中国人也为这些长城照片而疯狂。相关报刊等印刷物上也大幅刊登了西方摄影师拍摄的长城图片，甚至出现了长城首张大幅“海报”。

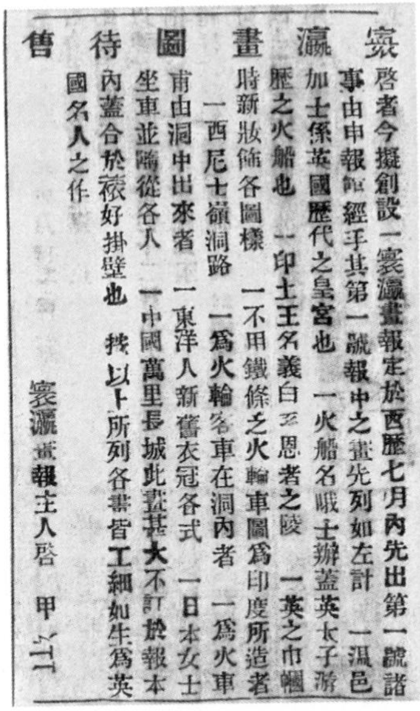

寰瀛畫圖待售
啓者今擬創設一寰瀛畫報定於西歷七月內先出第一號諸
事由申報館經手其第一號報中之畫先列如左計 一溫邑
加士係英國歷代之皇宮也 一火船名哦士辦蓋英太子游
歷之火船也 一印土王名義白忍恩者之陵 一英之巾幗
時新妝飾各圖樣 一不用鐵條之火輪車圖爲印度所造者
一西尼士嶺洞路 一爲火輪客車在洞內者 一爲火車
甫由洞中出來者 一東洋人新舊衣冠各式 一日本女士
坐車並隨從各人 一中國萬里長城此畫甚大不訂於報本
內蓋合於裱好掛壁也 我以上所列各畫皆工細如生爲英
國名人之作
寰瀛畫報主人啓

图 2-5 1877 年 5 月 12 日《寰瀛画报》“万里长城”图画待售宣传启事

这张长城海报出现在当时流行的国民画报《寰瀛画报》上，《寰瀛画报》是《申报》于 1877 年创立的副刊，是近代中国第一份画报。对这份中国第一份画报的第一期应该刊登何种图片，《申报》提前一年就进行了选题策划，最终决定从外国人处购得英国名画师绘制的中外景致名胜系列图，分别为：英国温邑加士古宫（即英国的温莎城堡）图、英国太子乘火船名“哦士办”

号游历图、印土王名义白系恩古陵寝图、英国女士时装图、印度造不用铁条之火轮车图、西尼士岭洞路图、火轮客车在山洞内图、东洋新旧衣冠图、东洋女子乘车游览图以及中国万里长城图。对万里长城图，《寰瀛画报》有做格外论述，称此图“甚大”，难以在报页内装订，只能用单独大张印制，印好后折叠随报出售。这张大图甚至可以裱好后挂于墙壁上。这可以算得上是近代中国首份单页大幅“海报”了。可惜的是，这幅海报并未留存下来。

对长城照片的另一种使用，发挥巨大传播效果的是长城明信片。在摄影术发明 30 年后，奥地利首次开发出了邮资明信片。这种开放式的卡片信函，不涉及保密内容，又方便简捷，一经问世便广受欢迎。后来，逐渐又在卡片的空白处绘上些图画，尤其带有摄影作品、绘画的明信片在西方蔚然成风，并在 19 世纪末 20 世纪初进入中国，流行开来。

最早的一张长城实景的明信片，可能是 1898 年德国摄影师科鲁宾印制的《德意志亲王中国长城游历》这组明信片。科鲁宾是德意志亲王阿尔贝特 · 威廉 · 海因里希中国行的随行摄影师，海因里希是德国皇帝腓特烈三世的第三个孩子，威廉二世皇帝的弟弟，英国维多利亚女王的外孙，一

图 2-6　科鲁宾《德意志亲王中国长城游历》（拍摄于 1898）

战期间，他曾担任德国的海军元帅。

1897 年，海因里希受威廉二世委托出访中国，就“大刀会”杀死德籍传教士一事向清廷施压，要求巨款赔偿损失，并强迫中国与德国签订不平等的“租借”胶州湾及其附近岛屿和陆岸的《胶澳租界条约》。1898 年春，海因里希在北上北京途中游历了长城。随行摄影师科鲁宾拍摄了海因里希一行在长城的照片并印刷成明信片寄回了德国。此后，众多随列强而来的摄影师在中国拍摄了大量的长城风景照片，印刷在明信片上，然后在中国各地的旅馆商店出售，在华的外国人买了又寄回国内，这组明信片因而在西方世界流行开来。长城终于不仅仅存在西方的想象中，更让人可以亲眼得见长城的真容真貌，并透过长城寄托他们的东方情结。

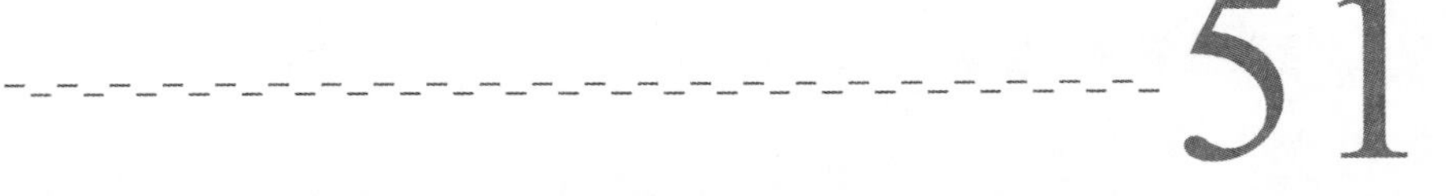

鲁迅为何称长城是“值得诅咒”的？

长城今天是中华民族不屈不挠、追求和平的象征，但在历史上，它的形象复杂，评价两极。有人赞颂长城，认为它北拒匈奴，守护黎民，“树兹万世策，安此亿兆生”，修筑长城可以称得上是万世良策、亿兆生灵之福，是当之无愧的中华文明的生命线。有人痛恨长城，认为它是暴政的产物。唐诗中留下了很多批评的声音，譬如陈陶《续古》诗曰：“秦家无庙略，遮虏续长城。万姓陇头死，中原荆棘生。”常建《塞下曲》诗云：“北海阴风动地来，明君祠上御龙堆。髑髅皆是长城卒，日暮沙场飞作灰。”

可以看出，在批评者眼中，长城以中国数个朝代几百万乃至上千万人的生命为代价，却最终没有起到保护人民的作用，甚至造成了中国封闭保守的懦弱性，而备受批判。尤其是清末，海防压过塞防，列强从海上长驱直入，长城并未起到丝毫作用，被荒废弃置，堕入历史烟尘之中。

但无论如何，这反映了中国人对长城评价的矛盾性，长城的功和过，都有很多人来评述。中国的民主战士、革命先锋——鲁迅，他对长城的评价就很好地体现了中国人对长城认识的这种复杂性、矛盾性。鲁迅有一篇杂文《长城》，最初发表于1925年5月15日《莽原》周刊第4期，后来收录在《华盖集》里面。他先指长城是伟大的工程，是在地图上可以看得见的人造物，每个有地理常识的人都知道它。但他转而写道，长城现在“不过是一种古迹了，但一时也不会灭尽，或者还要保存它”。作为新文化的倡行者，他认为长城已经古而无用，象征着中国文化的保守性格，是将人们包围起来的墙壁，使人窒息，因而是“值得诅咒”的。

鲁迅对长城评价的复杂性，以及将长城视作保守封闭的文化象征的观点，在当时并不是孤单的。1923年，诗人闻一多写下《长城下之哀歌》，他同样在开头铺陈长城的伟大：“啊！五千年文化底纪念碑哟！伟大的民族底伟大的标帜！”诗人又列举了赛可罗坡底石城、贝比楼、伽勒寺等其他民族的文明遗迹，来衬托长城超越时间的生命力。随即笔锋一转，诗人用诅咒的、焦灼的语气控诉“长城啊！你又是旧中华底墓碑……长城啊！老而不死的长城啊！”“长城啊！让我把你也来撞倒。你我都是赘疣，有些什么难舍？”闻一多在猛烈诅咒抨击“旧中华”，认为它已经沉沦堕落。

鲁迅笔下“古而无用”“伟大可诅咒的”长城，闻一多的“文明的赘疣”以及“撞倒长城”“诅咒长城”“老而不死”等诸多否定表述，来源于对这个国家和民族的深爱。对这些早期觉醒的中国知识分子而言，通过诅咒长城，实则是为唤醒沉睡国民的大声疾呼，是对民族前途命运的苦苦追寻。幸而他们的“诅咒”成功了，中国人民醒了，新的长城在倒下的旧长城尸体之上新生起来。

52

《义勇军进行曲》为什么被称作“中华第一歌”？

“起来！不愿做奴隶的人们！把我们的血肉筑成我们新的长城！”慷慨激昂的《义勇军进行曲》穿越时空，从全民族抗战期间，一直持续回响到今天，成为中华人民共和国的国歌，响彻世界舞台。《义勇军进行曲》在民国时期，就已经很流行，甚至有“中华第一歌”之称。这个“第一”的名号，得到了官方和民间的共同认可。

《义勇军进行曲》原名《进行曲》，是电影《风云儿女》的插曲，词曲作者分别是田汉和聂耳。1934 年，“电通”电影公司请田汉写一个电影剧本，田汉先交了个剧本梗概，名叫《凤凰涅槃》。1935 年，“电通”公司为了尽快开拍，请人把田汉的文学剧本改写成电影剧本，影片改名《风云儿女》。电影的主题歌就是《义勇军进行曲》。后来即将留日的聂耳主动要求把谱曲的任务交给他，并很快就从日本寄回《义勇军进行曲》的歌谱，由贺绿汀请上海百代唱片公司乐曲指挥、苏联作曲家阿龙·阿甫夏洛莫夫配器，在影片《风云儿女》中使用了。之后，随着电影在上海公映，《义勇军进行曲》很快传遍大江南北。《申报》等当时沪上的报纸刊登了当时的盛况，许多读者给报社写信要求刊登《风云儿女》歌谱，用“索取的信异常拥挤”来描述歌曲受人欢迎的情况，甚至逼得《申报》不得不连出几则启事回应。不独在上海，《义勇军进行曲》很快传唱至重庆、武汉等城市，城乡僻壤也到处都飘扬着抗战歌声。当时各地活跃的群众示威游行活动也往往伴随着救亡歌声，据当时的媒体报道，群众游行规模浩大，伴随着响彻云霄的《义勇军进行曲》歌声，如铁的长城一般，可见这首歌曲当时的渗透性和影响力。

图 2–7　电影《风云儿女》海报（1935）

当时的国民政府当局也很快注意到这首流行歌曲，在 1939 年国民政府编制《中国抗战歌曲集》时，就邀请著名音乐家李抱忱对抗战歌曲进行遴选并排名。李抱忱从千百首各地的救亡歌曲中加以选择，结果共选了 12 首。选择的条件主要有两个：第一，必须流行；第二，必须优良。除了《党国歌》《国旗歌》两首当时的“国歌”外，《义勇军进行曲》排在第一位，另外还有《长城谣》《大刀进行曲》两首歌曲也都直接与长城相关。在这些作品中，李抱忱不掩他对《义勇军进行曲》的格外赞赏：“这激动人心的‘痛苦和愤怒的呐喊’像大火席卷全国，现在仍然是中国最流行的抗战歌曲。”

后来，李抱忱将《中国抗战歌曲集》编译为英文版，由黑人歌唱家保罗 · 罗伯逊演唱，宋庆龄作序题词，1941 年在美国纽约出版，将《义勇军进行曲》在内的 12 首歌曲推向世界。在世界人民反法西斯战争的胜利进程中，这个源自上海的抗战歌曲将上海乃至中国与世界紧密地连在了一起，成为全世界反战和平人士的“第一歌”。

53

长城题材的木刻作品有哪些？有何独特价值？

在抗战的各个时期、各个地区，都涌现了许多体现抗战生活的优秀文艺作品，这些作品当年极大地鼓舞了抗日军民的战斗意志。这其中效果最为突出、受到大众喜爱的便是木刻和漫画，这两种艺术形式的选择和流行是当时政治社会环境变化使然。这两者在当时皆是新兴的艺术形式，所传达的信息也都是普遍能使大众感到亲切的内容。

早在 20 世纪 30 年代初，革命文学的扛旗者鲁迅就在上海倡导和发起了新兴木刻运动。“新兴木刻”就是相对于传统木刻提出的。在鲁迅看来，中国传统木刻版画是“很体面的”，是用来装饰体面人的生活的。但新兴木刻则不然，它更是尖锐的革命工具。他主张用新兴木刻“折射社会的魂魄”，揭示社会的黑暗并与之斗争，使其成为当时最有力便捷的斗争工具。而与传统木刻及其他形式的绘画艺术相比，新兴木刻受工具限制更小，表现的主题范畴更为广阔，正如鲁迅在《新俄画选》小引中说的：“当革命时，版画之用最广，虽极匆忙，顷刻能办。”因此，版画更容易对快速变化的革命情势进行反映。

在鲁迅的亲力指导下，MK 木刻研究会、“一八”艺社、现代创作版画研究会、上海艺专等新兴木刻基地成立起来，吸引了一大批青年学员集中创作、举办画展、发行画集。这其中，涌现出很多和长城相关的新兴木刻作品，比如黄新波的《祖国的防卫》、陈烟桥的《走向胜利之路》，等等。

黄新波、陈烟桥都是受鲁迅影响很大，在上海新兴木刻运动中成长起来的中国新兴木刻版画的代表人物。其中，黄新波是上海美术专科学校(简称“上海美专”)的学生。上海美专是左翼文艺思想和新兴木刻运动的发源地之一。鲁迅创办的《北斗》杂志是黄新波接触木刻的开端。1933 年他到新亚中学和上海美专后，受左翼文艺思想和新兴木刻运动影响，黄新波逐渐喜爱上木刻的“战斗姿态”，自觉地追求木刻和人民、社会的结合，通过木刻进行革命斗争。1936 年 11 月，他创作完成了《祖国的防卫》，他将义勇军的形象放大置于长城山峦之巅，作为“祖国的保卫者”形象出现。在他的笔下，东北义勇军守卫的不仅是东北的“故土”，更是长城内外的“祖国”，而长城也和这些“保卫者”形象联结并置，成为关系国家安危的神圣力量。

图 2-8　黄新波木刻作品《祖国的防卫》(1936)

陈烟桥是上海新华艺术专科学校西洋画系的学生，他曾在 1930 年到鲁迅举办的“西洋木刻展览会”参观，从此结识鲁迅，并在鲁迅的鼓励与支持下，开始投身新兴木刻运动，后来加入了左翼美术家联盟。他在 1938 年创作的木刻《走向胜利之路》，所取的是行进的士兵队列形象，队伍连续蜿蜒组成了“血肉长城”，和黄新波的《祖国的防卫》相比，更加取“新的长城”的引申义，更加明确地刻画了“血肉新长城”的形象。

这些长城题材的木刻作品，在木刻的纤细线条下，作者透过实体长城、血肉长城表达出来的关于祖国情感的分量却又是“厚重博大”的。而这些新兴的木刻作品，用最贴近大众的形式，反映时局、团结和教化民众，在抗战中发挥出极大的作用。

54

沙飞的长城抗战摄影作品有何特色？

19 世纪 30 年代摄影术在欧洲诞生后，随着西方来华使节、商人、传教士以及摄影师的到来而迅速传入香港、澳门以及广州等率先开埠的城市。在此后的几十年间，各个通商口岸，不仅有西方摄影师所经营的照相馆，中国本土照相馆也如雨后春笋般地出现，还有旅行游历在中国土地上的摄影师，为后人留下了丰富多彩的视觉文本。其中，以长城为题材的摄影作品逐渐增多。尤其是抗日战争时期的沙飞、雷烨等战地摄影记者创作了不少长城摄影佳作，最为人们所熟知的当属沙飞拍摄于插箭岭长城的《战斗在古长城》。

《战斗在古长城》摄于 1937 年秋的河北涞源。这是一幅表现中国人民抗日战争的代表作，作品以万里长城为背景，待命对敌射击的战士和手持驳壳枪密切注视敌情的指挥员为主要画面，前景是防卫的战士，中景是蜿蜒雄壮的长城，远方是绵延无边的群山。画面层次丰富、寓意深邃。作者刻意用中华民族抵御外辱的象征——万里长城为背景，表达了中华民族抗战到底的必胜信念，用英武的八路军战士的形象，表达了抗战中的中国共产党如长城一样巍峨的形象和起到的关键作用。这幅摄影作品后以《转

图 2-9　沙飞《战斗在古长城》（拍摄于 1937）

战在喜峰口外的晋察冀八路军》为名发表，署名“孔望”，在抗日宣传活动中发挥了作用，成为中国革命战争史上经典摄影作品之一。

沙飞的八路军在长城战斗的系列摄影作品，都在纪实基础上审美化地表现了长城的形象及其丰厚的精神内涵。英国人威廉·林赛在《万里长城　百年回望》画册中所写道：“沙飞用构图专家的眼光选取画面，他的作品既反映了中华民族不屈的战斗精神，又再现了万里长城的雄姿。”沙飞的作品中，长城和八路军的形象不是割裂的，两者在精神气质上是一体的，表现了崇高美的意蕴和形式相互融合统一，是《义勇军进行曲》“血肉新长城”的直观感性地显现，具有无可比拟的时代感召力和艺术感染力。沙飞的这些作品将艺术性与政治上的号召力熔为一炉，他用真实生动的形象信息，告诉全中国、全世界，在民族危亡之际，中国共产党在救中国，八路军在保卫国土，坚持着抗战。长城永存，沙飞的经典作品永存，古长城的战斗精神永存！

◎ 延伸阅读

沙飞简介

沙飞（1912—1950），原名司徒传，1926 年参加北伐，在国民革命军当报务员，1932 年在广东汕头电台当报务员。1936 年，考入上海美术专科学校。1936 年 10 月，鲁迅逝世，最后的留影、鲁迅遗容及其葬礼就是由沙飞拍摄发表的，引起社会广泛震动。1937 年 7 月 7 日全面抗战爆发后，沙飞毅然奔赴华北前线。1937 年 12 月，他在河北阜平加入八路军，先后担任抗敌报社副主任、晋察冀军区政治部宣传部摄影科科长、晋察冀画报社主任、华北画报社主任。

55

“不到长城非好汉”如何体现中国共产党人的审美创造？

抗日战争时期，左翼文艺的力量，一直积极参与救亡图存的民族解放运动，鲁迅等革命文学的先锋，使用文学、木刻、漫画、摄影、舞台剧等多种形式，反映社会黑暗，号召国民团结抗战。由此，反映社会生活、引领斗争的现实主义成为创作主潮，现实主义的创作方法被文化界视作抗战救亡的唯一方法。譬如《良友画报》曾写道：“我们报道抗战……最大目的还是为唤起全国人民对暴日侵我的救亡意念，同仇敌忾，为保家卫国各尽所能。”左翼的艺术家也是如此认为：“为着要使后方的人员明了，为着要使世界人士知道我们这一次为和平、为正义而起的神圣抗战的真实情形。”

但当时存在一种迥异于国统区、沦陷区的独有的创作形态，即革命浪漫主义创作，特别是在延安等解放区根据地以毛泽东为代表的共产党人，以实体长城的空间形象为蓝本，将长城形象革命浪漫化，创造了鲜明独特的新的长城形象。“天高云淡，望断南归雁。不到长城非好汉，屈指行程二万。　　六盘山上高峰，红旗漫卷西风。今日长缨在手，何时缚住苍龙？”这是毛泽东在1935年10月中央红军长征途中所作词的作品《清平乐·六盘山》。该作品初为词曲，后在红军中以民谣小调的形式传唱开来。

词中“不到长城非好汉”一句，是传唱度最高的名句，呈现出的语义丰富，相关的长城形象也很特别。有专门研究毛泽东诗词的学者将词中“长城”做了狭、广两义的区分，认为狭义的长城指向长征即将抵达的陕北刘志丹所领导的革命根据地，广义则指向抗日战争的前线。毛泽东的《清平乐·六盘山》，长城在这里象征祖国的大好河山，寄寓着以毛泽东为代表的共产党人誓欲得缚苍龙的好汉情怀，这种豪迈气魄和昂扬的长城形象，在当时的时空背景和革命形势下是难得的。

当时，红军反“围剿”失败，被迫进行战略转移。转移既是为了保留革命的力量，更重要的是“北上抗日”。长征途中先后发表的《为抗日救国告全体同胞书》和《东征宣言》，都宣誓了中央红军开赴抗日前线，拯救民族危亡的决心意志。面对六盘高山、红军队伍和猎猎红旗，毛泽东触景生情，用“不到长城非好汉”一句抒发抗战到底的奋进精神和抗战必胜的理想信念，具有强烈的心灵鼓舞力量，表现了革命乐观主义精神。

与其他长城形象相比，毛泽东诗词中的长城多了乐观豪迈而少了“血肉长城”的沉痛悲苦，喻示民族必将解放、革命终将胜利的前途。此前，以“血肉长城”为代表的“新的长城”虽召唤抵抗和抗争，却没有指明前进方向为何，至此到毛泽东等共产党人这里，长城才有了明确的方向，率先指示出抵抗的光明前景，除了像长城一样抵抗的行动指向外，更赋予其以鲜明的革命目标的指向。这一新的语义和形象突破，不得不说是革命浪漫主义的文艺思维所创造的。

56

石鲁为何将其代表作《古长城外》贬作“先天不足的第一胎”？

新中国成立后，山西、内蒙古等古长城所在地都陆续开展建设生产工作，长城内外呈现出一片如火如荼的建设景象。画家石鲁关注到古长城的新面貌，创作了《古长城外》。但石鲁本人对作品并不满意，认为是“先天不足的第一胎”，但这幅画作依旧流传下来，成为他本人的代表和传世之作。

石鲁长期从事国画创作，原名冯亚珩。1934 年进入成都东方美专研习中国画。1940 年赴延安入陕北公学。1948 年主编《群众画报》后任延安大学文艺系美术班主任。1950 年后任西北画报社社长、西安美协副主席等职。20 世纪 50 年代末到 60 年代中期，开始国画的创新探索。《古长城外》是他创新探索的早期成果。作品以古长城脚下，放牧地和火车铁道交叉相遇的一幕进行刻画，题材新，场面广阔，具有鲜明的时代性。作者巧妙地以穿越古长城的兰新铁路为背景，描绘出即将呼啸而来的列车和翻身后的自由自在的牧民相遇的瞬间。画面所带来的是古与今的碰撞，是古老农牧生活和正在工业化建设中的新中国的拥抱，预示着一个历史悠久的古老东方民族，即将迎来翻天覆地的历史巨变。

石鲁的《古长城外》是当时国画改造运动的成果。20 世纪 50 年代，美术界大讨论正式确定要实行国画创新，建立一种“新国画”的形式，艾青将之概括为接受民族绘画遗产，用传统的工具来表现“新的人物、新的世界”。区别于传统国画，就是要画“真山真水”。石鲁正是在出外写生途中创作《古长城外》的，但他并没有完全依照在兰新铁路建设工地写生所得素材直接描绘工地的建设场景，而是思索山水和新中国建设两者更为深切地结合，或者说是对传统遗产的继承和时代现实表达之间的契合。石鲁在写生基础上创作的《古长城外》，体现了石鲁对现实生活体验地注重，和对现实主义创作地自觉运用，同时他也在认真研究形象表达宏大主题的问题，反对“看图识字”式对一般概念进行简单图解，力求在构图立意上别出心裁，恰当地表现时代主题，使画面意境含蓄而丰富。

但石鲁本人自我检讨，认为他在《古长城外》的笔墨技法尚不成熟，在“真山真水”的创作中仍然有情节性和主题的说明意味，没能完全克服“图解说明政治”的问题，削弱了国画的神韵和意境。但王朝闻等人却对《古长城外》给予了高度评价，称赞《古长城外》是“石鲁艺术成长过程中用中国画描写现代题材的里程碑”。对国画改革的探索，石鲁是一名先驱者、探索者，《古长城外》是对石鲁探索思考地呈现。在《古长城外》之后，石鲁没有停止探寻，一直通过创作，推动国画走进现实社会生活中，在国画写意传统和革命热情的、积极的、胜利的、光明的现实之间寻找接合点。

57

人民大会堂悬挂的《江山如此多娇》中有没有长城？

1959年建成的人民大会堂，是新中国重要政治活动场所和代表国家形象的标志性建筑。从北门拾级而上，在步入大会堂宴会厅必经之地的迎面开阔大墙上，装饰的是巨幅国画《江山如此多娇》。这幅画以磅礴的气势、深远的意境和鲜明昂扬的主题风貌，赢得了海内外人士的欣赏、赞美，很长一段时间内作为国家领导人会见重要外宾时合影的背景而经常出现在各种时事新闻中，从而成为民族精神的象征而家喻户晓，同时也在中国绘画史上留下了重要的一章。

1958年开始，全国上下纷纷开始准备庆祝新中国成立10周年。当年9月，中宣部召开文艺创作座谈会，时任副部长的周扬部署组织迎接国庆10周年的文艺创作工作，号召在文学、影视、戏剧、美术、理论研究等领域，掀起献礼创作的高潮。美术领域同样出现了一些由国家组织的命题作品创作，国务院办公厅为人民大会堂组织创作的《江山如此多娇》，就是其中之一。这幅作品不仅受到周恩来等党和国家领导人的指导审校，并由毛泽东为之题写画名，这为其奠定了在当代美术史上的历史地位。

《江山如此多娇》是以毛泽东长城词诗意入画的作品，由傅抱石、关山月合作，从毛泽东词意中寻找创作灵感，画的题材是由周恩来总理提出的，表现内容为毛主席的词《沁园春·雪》。《江山如此多娇》开始的创作并不顺利，接受任务后，傅、关两人便开始构思画的草图，但草图一稿、二稿、三稿都未能通过。周恩来会见傅、关时提出的意见是以景来开拓思想情感，通过景写祖国河山、歌颂英雄献身和人民革命乐观主义精神的豪迈气概。陈毅也指出，画画如写诗，首在立意，关键要抓好“江山如此多娇”的“娇”字，在景物的“多”中体现出“娇”来。这些意见成为创作的突破口。《沁园春 · 雪》中出现了多种自然景物意象，譬如春夏秋冬节气，还有“长城内外”与“大河上下”，既有江南，又有雪山，还有红日，等等。

对这些多重自然景物意象的编排，如何在“多”中体现出“娇”来，傅抱石、关山月接受意见后进行了调整。在创作中，主体的景象是壮丽山川，山川之间大河奔流，除此之外，还有两个比较重要的景物意象，一是长城，二是红日。长城在抗战烽火中新生，成为民族抗争精神的象征，并获得广泛的社会接受和认同。可以说，当时的“长城”兼具了形式上的符号意象属性和意义上的意识形态属性，选用长城进入《江山如此多娇》之中是自然而然的。而且《沁园春 · 雪》也有长城明确的表述，更赋予长城与“革命胜利”相连的新的意涵，寄寓着革命领袖的阔大情怀和豪迈气概。傅抱石、关山月借用长城，作为革命的图像符号进入画中无可非议。另外，《江山如此多娇》中高升的红日，也是代表性极强的革命符号，特别是按照郭沫若等人的意见，新中国成立 10 周年，画面上当然应该出现太阳，而且应当做放大处理。在最终定稿的《江山如此多娇》图中，硕大高悬的红日以及蜿蜒的长城形象两个革命符号都有所体现，共同成就了表现革命热情和大好河山的新山水画的经典传世佳作。

58

万里长城在卡夫卡（Franz Kafka）笔下为何永远处在“建造时”？

图 2-10 卡夫卡肖像

卡夫卡是欧洲著名的表现主义文学家，他开创了西方现代派文学，西方文学界将他与但丁、莎士比亚、歌德相提并论，认为他是20世纪最伟大的作家之一。这位伟大的作家，一生从未踏足中国这片古老的土地，但却在1917年创作了一篇举世闻名的有关中国的小说《万里长城建造时》。

卡夫卡的长城“神话”构筑，是相对独特的，他是根据当时在西方流传的长城形象，结合他对古老东方的想象，创作了虚拟小说《万里长城建造时》。这篇小说带有卡夫卡一贯的风格，不同于固有的文学概念和规范，没有格式、没有背景，甚至带有难以用理性解读的荒谬，但在混乱和无意义当中，却能找到其价值和对心灵的触动。

小说的想象性和虚构性特征，从小说开头就可以看出来。没有长城修筑的具体时间，只知道是“从一个无法想象的久远时代起”；没有长城修筑的具体地点，只写道似乎是指向“北方”。长城的修筑者也不明，只大致交代“我”和修筑长城的伙伴是中国东南部人。建造长城的目的，据说是为了防御北方民族，但备受“我”的质疑，长城“造得并不连贯，又如何起防御作用呢？”甚至，“这样的长城非但不能起防御作用，这一建筑本身就存在着经常性的危险”。有可能坍塌压伤过往行人，有可能让行走在长城上的人，失足落入陷阱，或者被各种砖石绊倒。

可以看出，小说中的“长城”对我们来说是陌生的，因为它完全离现实的万里长城甚远，只能看作是卡夫卡创造的文本的“万里长城”。而长城是否在修筑、在哪里修筑这些具体的信息，并不是卡夫卡所关心的。他笔下的万里长城是一项说不清时间、地点和意义的工程，不是因为皇帝的旨意，也不是为了防备北方民族，但它又是“某种实实在在的东西，是千万人的生命和辛劳的结晶”。由于缺乏具体明确的信息内容，长城变得抽象多义，包含各种隐喻性的含义，指向一种虚无缥缈的存在。

但确定的一点是，万里长城永远在修建，没有停止的时候，从“我”的上一代再上一代人开始，看不到停止这项工程的时候。在失去时间意义的修筑过程中，“我”和其他修长城的人放弃了对长城建筑目的、意义的追寻，转而对是什么导致长城一直处于“建造时”的问题进行探索，并进而找到有关长城建筑本质的东西，即一个“帝国的组织”：它由顺服的臣民、忙碌忧心的领导集团和空洞神秘的皇帝构成。长城最终的文化意义逐渐显露出来，在最终的意义抽取中，时间、空间都消失了，只剩下一个无休无止、不断衍生复制、自我空转的帝国机器。

作者笔下的中国长城本身没有意义，整个帝国的人都处在永远无意义的行动当中，修筑长城的劳役、无法走出宫门的传诏人甚至皇帝本人都是如此，日复一日服从一种空洞却又强大的意志，整个帝国疲惫不堪却又无比稳定、千年不变。德国诗人施勒格尔指出，长城是中国历史的伟大事实，也是中国的本质的象征、理解中国历史的关键。在进入卡夫卡的长城寓言中，这样一个古老的帝国本身的存在是如此荒诞，却又是极为稳定的，就同永远不会停止的长城工程一样，一直机械运动，缺乏实质的功能意义。卡夫卡的长城“建造时”指向的其实是他所理解的一种凝滞的帝国本质。

59

何伟（Peter Hessler）为何选择沿长城寻路中国？

彼得 · 海斯勒（Peter Hessler），中文名何伟，美国记者、作家。他出生于美国密苏里州，在普林斯顿大学主修英文和写作，取得牛津大学英语文学硕士学位，曾是《纽约客》首任驻京记者，长期为《国家地理杂志》《华尔街日报》《纽约时报》等撰稿。他曾自助旅游欧洲 30 国，由此开启了旅游文学写作之路。著有中国纪实三部曲:《江城》(*River Town*)、《奇石》（*Oracle Bones*）和《寻路中国》（*Country Driving:A Journey through China from Farm to Factory*），并被《华尔街日报》称为“关注现代中国的最具思想性的西方作家之一”。

PETER HESSLER
COUNTRY DRIVING
A Journey Through China from Farm to Factory

图 2-11 彼得 · 海斯勒《寻路中国》英文版书影

“中国三部曲”中，《寻路中国》是最后一部，也最为经典。讲述了作者驾车漫游中国大陆的经历，以典型个体的故事，反映了中国自改革开放以来由农而工而商，以及城市化的发展进程。在这趟行程中，他有一条主要的路线，就是沿着古长城向西自驾游历，长城一线成为全书叙事和找寻真实中国的线索。

何伟选择沿着断断续续的古长城，很多时候走到没有路的地方，又再次折返，但基本都保持和长城同行，从北京一路向西到鄂尔多斯沙漠、腾格里沙漠，再到河西走廊、丝绸之路，到嘉峪关、玉门关，直到青藏高原。选择沿长城路线来探寻真实的中国，有几个原因。第一，他长期在北京郊区生活，所在的三岔村就在长城脚下。第二，长城一线，对何伟而言是连接乡村与城市，连接过去与未来的脉络。长城曾经是古战场，也曾是熙熙攘攘的贸易线，但现在的古长城沿线，很多是日渐衰败的乡村和小镇，人们一路由北向南去了大城市。在中国的现代化进程中，长城沿线经历了什么，这些沿线的乡镇未来的命运又会是怎样的？何伟认为以长城为路线，能给他这些问题的答案。

何伟长期生活在中国，观察并写下他所观察和经历的故事。这就是他的写作方式，这种非虚构写作和西方长久以来依靠想象的中国书写不同。它不明确地区分叙述者和被叙述者，强调作者的行走和书写都具有人类学田野的意义，由外来的“表述者”转变为直接参与的“局内人”。如何伟自述，“我从来不喜欢那种感觉，我是故事输出者——我用很私密的方式探索中国人的生活，而后仅提供给美国人去读，这让我很不舒服。我想把我和我写的地方联系起来，我想要担起这个责任”。新闻记者出身的何伟以“民族志真实”为特征的书写，在各自作品中形成比较真实多元的中国形象。在何伟这里，在他的一路沿长城的西行过程中，原先他或者说西方对长城的理解“我以为这就是长城——完整而近乎永恒”，彻底改变了，在他一路的游历过程中，他看到了长城以及中国时间的延续和变化，长城具有的丰富的时间象征性，正在向现在和未来延展。在何伟看来，长城见证了长城沿线底层人民的悲欢，也成为中国乡村经济和社会发展的某种未来隐喻。

60

阿尔巴尼亚的桂冠诗人卡达莱（Ismail Kadare）笔下的长城终极寓言是什么？

作家卡达莱（Ismail Kadare），被誉为阿尔巴尼亚的桂冠诗人。

卡达莱的作品中有很多中国背景和元素，小说《长城》是以明朝时期的中国为背景的，讲述了明长城边镇戍守军人和长城另一边的蒙古（鞑靼）部落人之间的故事。在《长城》中，长城两边的人们陷入旷日持久的战争中，一代一代维系仇恨难以互相谅解。卡达莱写道：“长城已经不再是我们想象的样子。很显然，它被冻结在时间里，被封存在空间里，虽然它下方的一切都在随风变化——边界、朝代、联盟，甚至是不朽的中国——可是长城却恰恰相反。”[①]在这位东欧作家这里，长城的“不朽”并不是值得歌颂的。永恒的长城指向的是难以自拔的帝国，受困于曾经的荣耀和历史。他留下了关于永恒长城的一则寓言，那就是帝国失落的终局，长城两侧的人们无法避免重复的仇恨、杀戮和误解。当然，

图 2–12　卡达莱《长城》中译本书影

① ［阿尔巴尼亚］伊斯梅尔·卡达莱：《长城》，孙丽娜译，重庆出版社 2016 年版，第 13 页。

人们似乎可以轻松地推翻卡达莱的长城终极寓言，因为中国长城早已成为多民族大一统、团结与和平的象征。卡达莱并非不知中国现实的人，这位东欧诗人向来将他的目光投向东方眺望。他的长城寓言，实际指向的是自己身处的“巴尔干边缘地带”，他将自己陷入战祸的母国和遥远东方的明朝重叠起来。

卡达莱童年被国家战乱记忆所笼罩，他目睹了意大利法西斯、纳粹德国对其祖国的占领。战乱中长大的卡达莱，对人类是否有能力摆脱战争持悲观态度。这也是为何卡达莱将莎士比亚的名篇《麦克白》（*Macbeth*）认作对其创作生涯影响最大的作品，“复仇”“幽灵”“叛乱”“权力”，这些元素都在卡达莱《亡军的将领》《科索沃挽歌》《石头城纪事》《长城》等系列作品中出现，“长城终极寓言”出现在他笔下世界的每个角落。

比如卡达莱的小说处女作，也是为他赢得最多国际声誉的作品——《亡军的将领》，小说讲述的是一位意大利将军在战后到阿尔巴尼亚搜集当年战死的意军遗骨，其种种艰辛令他精神崩溃。卡达莱的作品，为认识战争带来了新的角度和新的经验，他笔下的二战侵略者对战争的反思，明长城边镇战死者对和平的追求，阿尔巴尼亚的石头小城幸存者终生难释的苦痛，全都是连贯的，主题是一致的。卡达莱以古史为依托，借古喻今，突出文本的寓言性写作，揭示兴衰与归属的民族命运，也把他笔下明长城的故事推广为现代人类的集体悲剧寓言。

◎ **延伸阅读**

卡达莱简介

1936年，卡达莱出生于阿尔巴尼亚南部靠近希腊边界的山城吉罗卡斯特，童年时代经历了意大利和德国对祖国家乡的占领。二战结束后，他先在地拉那大学历史系就读，后赴莫斯科，于高尔基文学院深造。苏阿关系破裂后，卡达莱于1960年回国，当记者，并开始文学创作。主要作品有：《金字塔》《长城》《影子》《都城十一月》《候鸟之飞》《鲁尔·玛兹雷克的生活、游戏与死亡》《阿伽门农的女儿》等。连获耶路撒冷、布克等大奖，被授予法兰西院士，他的20多部作品被翻译成英语、法语。

61

中央电视台拍摄“长城三部曲”为何能取得成功？

20世纪90年代以来，中央电视台曾主导拍摄了3部有关长城的大型电视纪录片，分别是1991年播出的《望长城》，2015年播出的《长城：中国的故事》，2015年播出的《远方的家：长城内外》：3部都制作精良、思想深刻，取得业内外赞誉，被称为“长城三部曲”。

1989年启动拍摄的《望长城》大型纪录片，由中央电视台、中国长城学会、日本东京广播公司联合摄制，1991年在中、日两国主流电视频道播出，平均收视率达到40%以上，堪称“收视奇迹”，被称为中国纪录片发展史上的“里程碑”。《望长城》分4个篇章，分别是《万里长城万里长》《长城两边是故乡》《千年干戈化玉帛》《烽烟散尽说沧桑》。《望长城》以长城的时空转换和长城沿线人民的境遇为表现主题，表现的主题是宏大的，但它的视角和叙事是精巧的。《望长城》采用的是平实的底层叙事，以“寻找长城”为叙事主线，在这一过程中去关注长城沿线的个体、群体，展现人和自然的共存发展。《望长城》虽然对长城的叙述，

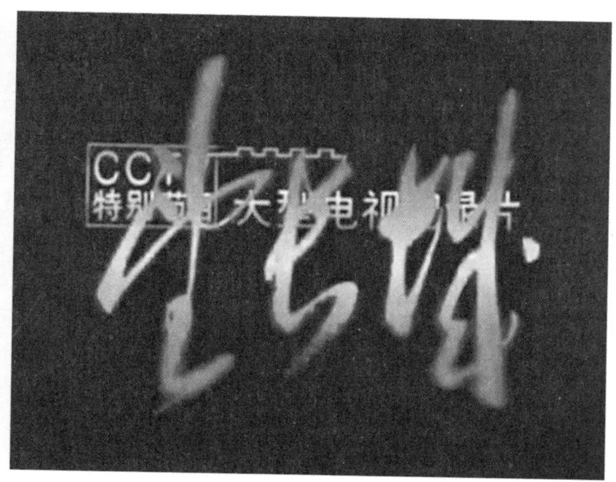

图 2-13　中央电视台电视纪录片《望长城》海报与片头（1991）

也不可避免触及厚重的历史，但它更多聚焦现实时空中的长城，通过长城内外的普通人的祖辈经历来对历史和现实的关联进行叙述，这无疑是巧妙灵活的。总导演刘效礼特别强调“滴水映世界”，镜头应对准长城内外那些普通人，一个个普通人的叙事构成跨越历史进入现代的长城形象。因此，纪录片说的是长城，也是在说国人。

《长城：中国的故事》是继《望长城》热播 20 多年后，中国纪录片再次从新角度、新视野、新发现、新观点解读长城。区别于《望长城》的底层叙事，它更多着眼于帝国历史宏观叙事，这部大型纪录片分《裂变》

图 2-14　中央电视台电视纪录片《长城：中国的故事》片头与海报（2015）

《帝国》《出塞》《远征》《分界》《秩序》《天下》《对峙》《开拓》《合议》《背影》《血脉》12 集，采用剧情片的方式，重新演绎古人的生活，用虚拟纪实的方式，从而对历史和现实进行细致梳理，讲述历史上不同阶段中国长城的诞生、兴盛与衰落的故事。纪录片要做的是还原一个真实的长城，解读古老中国如何成为今天的模样。从早期文明在北方的裂变，到长城修筑的 2000 多年来，长城以内的族群成为越来越紧密的一个整体。长城内外，游牧与农耕在不断冲突中走向融合，最终成就了一个多元一体的伟大文明。

图 2-15 中央电视台电视纪录片《长城内外》片头（2015）

《长城内外》是央视《远方的家》大型系列特别节目中的特别专题片，是当之无愧的鸿篇巨制，有 194 集，它在一定程度上兼容《望长城》的底层叙事和《长城：中国的故事》的历史纵深。以长城的历史为经，以现存的长城遗址为纬，揭示自古以来鲜为人知的长城史料，讲述长城内外的人们热爱长城、共同保护长城的动人故事。

央视的长城“三部曲”是成功的，它们通过多样化、多视角的视听语言传递和分享出去的，是关于长城的“今—古—今”叙述，有历史经纬的宏大叙事，也有普通人的个体记忆，在共同讲述中，长城的“共同家园”属性得以彰显，它所蕴含的广阔深厚而有生命力的传统因子，正成为所有的中华儿女的血脉传承和文化之根。

62

好莱坞电影中出现的长城传递了怎样的文化意象和视觉形象？

西方好莱坞电影中的中国元素出现较早，在19世纪末美国的好莱坞电影中，就陆续出现了一些中国人的形象，这些人物形象有些极度失真，带着西方人眼中对中国的刻板印象。20世纪60年代以来，随着李小龙刮起的功夫旋风，好莱坞电影中出现了大量的中国功夫元素和剧情，例如《龙争虎斗》（1973），以及斩获奥斯卡多项大奖的《卧虎藏龙》（2000）。

进入21世纪，随着中国加速对外开放，陆续有中方人员参与到好莱坞电影中，如《古墓丽影2》（2003）、《碟中谍3》（2006）、《神奇四侠2》（2007）、《木乃伊3》（2008）、《2012》（2009）、《功夫熊猫》（2009）、《环形使者》（2012）、《云图》（2012）、《生化危机5》（2012）、《变形金刚4》（2014）等。但这些影片虽然加入了中国功夫以外更多的中国传统文化、人物形象、饮食服饰、优美的自然风光、现代城市景观等，但都还是彻头彻尾的西方故事，只不过有东方的场景和零星的中国人面孔夹杂其中，而长城作为代表性的中国符号，也穿插其中，交代一下故事所处的东方位置。例如，影片《神奇四侠2》最后的超级英雄决战地点选在了中国，并在对敌中炸掉了中国长城。《木乃伊3：龙帝之墓》中，杨紫琼饰演的女巫拿着梵文竹简念咒语唤醒那些修长城而被埋在黄土下的骷髅对付兵马俑军队，当压在长城下的亡灵被唤醒后，口里大喊“自由”。长城只是代表中国地理位置的表层符号，其深层内涵并没有被展示出来，好莱坞电影在使用长城元素时，是为了讲述好莱坞的西方故事服务的，传递的仍是西方价值观。

图2-16 好莱坞电影《长城》海报（2016）

2016年，张艺谋执导的《长城》，算是首次用好莱坞模式讲述中国的故事。这一定程度上和中方注资与以中国为主要预期票房市场相关。故事设置的是一个典型的好莱坞叙事，就是从西方人闯入陌生危险的异文化环境开始。两个西方雇佣兵闯入长城，他们接受西方雇主的任务来到东方盗取黑火药，却意外地在野外受到匪徒追杀，而不得不向中国边境军队投降，寻求庇护。这一故事背景的设定就是强大的东方，拥有令西方觊觎的黑火药、罗盘、浑天仪、精良军队、强大战力以及长城。尤其为烘托强盛的武力，主要通过长城完成。电影中，长城不只是巍峨高耸的单一墙体，而且化身为一座坚不可摧的战斗堡垒，内部遍布先进的机关，以水力驱动机械运转，从墙体分离中推出的大刀车，以及烽火台上的飞索和鹰巢。

从最终呈现的作品来看，《长城》归结于一个幻想故事，它的形象定位主要基于西方对长城的神话想象，它将长城和强盛的帝国相联系，和互相信任、讲究奉献的军人集体相联系，长城的建造归结为避免饕餮为祸人间的危险，探索的是长城守护人类和平福祉的新含义，传递的是关于秩序、英雄、牺牲、集体主义等多种中国式的价值观念元素。从此角度而言，电影《长城》是一次有益的突破。

第三篇
科学技术

63

万里长城仅仅只是一堵墙吗？

在人类历史上，对某一建筑物的修造和使用，没有比长城的时间跨度更长、工程量更大的了。在 2000 余年的漫长历史修筑、使用、保护和开发利用过程中，长城本身及沿线，形成了具有独特的丰富性、时代性和民族性的建筑群落，集中展示所蕴含的建筑技术、军防思想、民族交往、文化艺术美等要素。要了解长城，需要破除的第一点误解就是，万里长城绝非简单的一堵墙。

长城是体积庞大的古代军事建筑工程，是系统性工程，组成建筑的实体有近 30 种，包括关隘、关城、瓮城、月城、城垛、马面、暖铺、空心敌台、睥睨、雉堞、女墙、横墙、马道、城楼、敌楼、战棚、敌团、堞楼、角楼、水门、水关、排水沟、吐水嘴、暗门、警门，以及烽燧、天田、羊马墙、陷马坑、城堡、驿传、加工场等。不同历史阶段、不同民族主体、不同建筑风格的长城段，都有独具各自特色的主体建筑类型，都有不同的修筑历史、选址布局、构造类型以及细部装饰。

例如秦长城，东到辽东，西到临洮，修建时间早，多为碎石夯筑，墙体较矮，多为 3 米以下。长城上没有烽火台建筑，而是将烽火台修建在距离长城 100 米远的地方。金长城由外壕、主墙、内壕、副墙组成。主墙墙高 5 至 6 米，界壕宽 30 至 60 米。主墙每 60 至 80 米筑有马面，每 5000 至 10000 米筑一座边堡。比较有特色的是所有金长城的外墙侧都有等距离的马面，以加固墙体，防止敌人侵入，墙外有宽大的壕沟，墙内侧则分布着接近相等距离的边堡，用于囤积必要的兵力。界壕、墙体、马面、边堡的建筑风格是金长城独具的特色。明代长城依据自然地理形势，在东部山西黄河以东用大块整齐的砖石铺砌，西段长城则用黄土夯筑，明长城不仅有雄伟坚实的墙体，有劈山墙、险山墙、栅木墙等多种

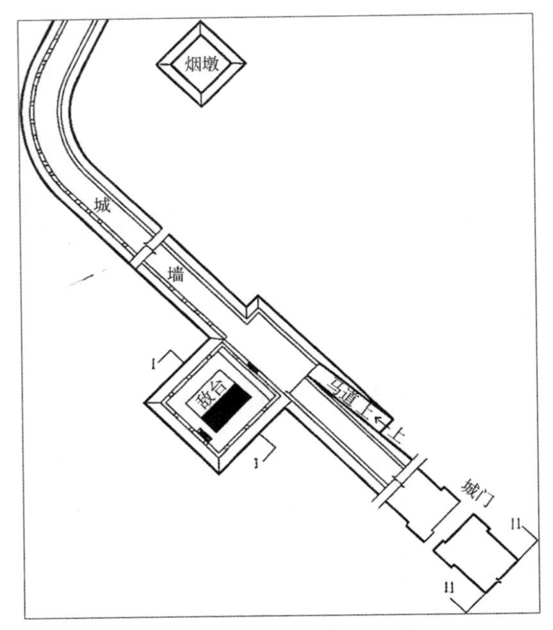

图 3-1　长城建筑结构（资料来源：韩魏《中国设计全集》）

形制，而且还设置了众多巍峨壮观的关隘，有成百的雄关隘口，比如居庸、紫荆、倒马“内三关”，偏头、宁武、雁门“外三关”。除了墙和关，明长城还有数以千计的城堡、敌台，包括上下马道、垛口、宇墙、障墙、望口、射洞、礌石孔、吐水嘴等建筑结构。重要地段在墙体外侧还设计有壕堑和偏坡。上述建筑有机地形成一体，构成全世界古代最大的防御阵线。

图 3-2　长城墙体上的排水槽（作者 摄）

经过持续千年地不断修建增补，长城早已经不是当初粗糙的、孤立的一堵墙，而是一个庞大的建筑体系，不同的建筑类型共同构建起了拥有防御、驻守以及信息传递、示警等众多功能的军事防御工程，是时代留给我们的宝贵财富。

64

垣、堑、关、台的修筑方法有何区别?

现在的长城是一座由历史上不同层次建筑复合而成的军事防御系统，由不同功能、不同形制的建筑构成。在长城建筑体系当中，最主要的就是垣、堑、关、台 4 种类型，它们分别有不同的修筑方法和功用。

垣，也就是长城的墙体，这是长城的主体部分。垣的具体的结构和形式，因适应所在地的地形地貌的不同而有所不同。一般说来，在土多石少的地方多为版筑的夯土墙，又分土墙与石墙。土长城取用松软的泥土，取材相对方便，修筑速度快，但因受风蚀雨蚀的影响，易倒塌。石长城使用条石、块石、夯土、砖等材料，相对高度较高，形态比较稳固。例如山海关长城，关城城墙高 14 米，城墙厚 7 米，设有 4 座主要城门，使攻城的敌人难于攀登。再如八达岭长城，墙顶宽阔平坦，基本可以“五马并骑、十人并行”，大致宽度在 4.5—5.8 米，以便作战时部队机动和运送粮草兵器等。城墙还有上下城墙的马道和梯道，在城墙的外檐上筑有供瞭望和射箭的垛口，在内檐墙上筑有女墙，起到保护人马不至于从墙顶跌落下来的作用。

长城城墙、城堡的外侧还设置了一些障碍物，如战墙、壕堑等。堑，也就是护城河的意思。一般筑城挖掘土方时，四周均会掘地形成壕沟，再引入河水，形成护城河作为关城的又一道防线。山海关城外就有一道深约 2 丈、宽 5 丈的护城河，迫使敌人必须涉水过河才能到达城下，增加了攻城的难度。金代长城称“金堑壕”，可见它的纵深防御设置最有代表性，金长城外侧普遍挖有两三重堑壕。在一些交通要冲之地，甚至有多重壕墙并列。外壕、副墙、内壕、主墙共同构成金长城严密的防线。敌军抵达深壕外沿，必须下马过壕，减缓了敌军攻击的速度。

图 3-3　长城水门（作者 摄）

修筑长城时，在长城墙体上，尤其在要冲，必须留有可以出入的豁口，也就是“关”，即长城的关隘。关隘的构造，大多有关口，由城门及城门楼、瓮城组成。城门是平时进出关口的通道，一般用砖或石块砌成拱券形的门洞。城门是城防中的薄弱环节，常常在城门口设置瓮城或小城以作护卫，瓮城与小城又被称作罗城或月城。除了陆上关口外，有的还设有水关，如在溪流、河谷相交处，为达到水流通过和防御目的，长城设计了通道式结构，像九门口长城、八达岭水关、黄崖关长城水门等。

台，一般包括敌台、烽火台两种。敌台以作战为主，有的分布在城墙外，属于单一的敌台，称作独敌台；还有的紧贴城墙，称为角台；而横穿到城墙的称为敌台。敌台可以作为作战台，供兵士们居高临下进行射击、擂石，与城墙形成密集的火力网，对敌人造成较大的杀伤。烽火台，主要以瞭望预警为主，有设置在长城外的敌前边台，分布在驿道上的路台，还有位于长城墙体以及后方的接火台，可以接力向相邻的郡县、关隘、军事辖区传递信号。

垣、堑、关、台，这些不同形制的长城建筑串联成一体，交织在一起，形成一个庞大的军事防御工程体系，蜿蜒于崇山峻岭之间，雄奇险峻如长龙，在历史上守卫着我们的国土，在今天给我们提供无尽的审美触动以及强大的精神支撑。

65

长城修筑为何要因地制宜?

早在秦始皇之时，蒙恬修筑长城就总结出“因地形，用险制塞”的经验，这成为长城修筑的最为根本的一条原则。长城绵延万里，行经的地域辽阔，地理情况复杂多变，有崇山峻岭，有广阔草原，有戈壁石滩，有黄沙漫天的沙漠，有地势高耸的高原，有的地方还过河穿谷。因此，修筑如何做到降低难度，既节省工时原料，又坚实牢固，使长城的军事防御功能发挥到最大。我国古代伟大的先民，在实践的基础上很早就认识到必须依靠天险，利用地形，合理布局，形式适当，实现以防为主，做到攻防结合。

首先，是因地形，即指根据地形条件来构筑工程，和充分利用当地可取的自然资源构筑工程。比如明代在修筑长城时，就“依山形，随地势，或铲削，或垒筑，或挑堑”，在低洼处夯土为墙，外砌砖石；在山梁间，就适当地进行铲削；在沙漠草地上，就适当地进行挑堑，形成了众多独具形貌特征的长城景观。譬如北京郊区的司马台长城，它基本也是明制，全长5.4千米，依据燕山山脉的险峻山势而筑。东起望京楼，西至后川口，整段长城城墙依险峻山势而筑，为了适应悬崖峭壁的山势修建了“半边墙”“单墙”，依据缓坡修建了舒展平滑的马道，根据陡坡起势设计了大阶梯叠进的天梯，构思精巧，设计奇特，结构新颖，造型各异，从而以奇、特、险著称于世。

图3–4　司马台长城（作者 摄）

其次，是依靠天险，即指充分利用地理天险形成塞防以阻挡敌人。一般而言，险要的高山沟壑和湍急宽广的河流，对古代军队行进而言是难以逾越的天险。长城修建时会充分地利用天险，和长城的城墙关台一起，形成强大的防御力量。明长城大多沿蜿蜒的山岭脊背修筑，山脊本身就好像一道高墙，因而在山脊筑城时就更加险峻，多是沿山脊而行进。山峦陡峭的段落，一般修得低一些，反之则高，可增加墙体稳定性，在两山间的峡口修筑关口，减少资源使用。山脊上筑城将城的外侧筑高，使之非常险陡，内侧则修得相对平缓，便于人员移动和运输货物，在悬崖坎坡之处则不必修筑，可以用较少的人力与建筑材料以便达到控制险要位置的目的。像居庸关的修建，就是善用地势，“居庸关路狭而险，北平之襟喉也，百人守之，万夫莫窥，必据此乃可无北顾之忧”，因此配置最少的兵力就可以保证安全。按照“遇山不断遇水断”的规律，当经过河流溪谷的时候，一般选择在城基地下修筑暗门，在河谷汇合处修筑关隘，以便使水流畅通无阻。在跨越宽度较宽的河流时，一般会在沿河两岸修筑夹岸长城，让水面形成巨大的堑壕，士卒可以在城上用弓箭、火石使企图过河的敌人受到前后夹击。另外，在烽燧、堡戍的修建上，也充分体现“因地形”的修筑原则，往往选择高峻山势，方便瞭望远处，躲避视觉盲区，加快消息传递。

66

明长城的城砖居然由专设窑厂烧制而成？

长城修建体现出“因地制宜”的智慧，一般会根据沿线各地的地理条件和物产资源特性，在建造长城所需的材料选择上往往就地取材，避免从远处搬运，减少成本耗费，因此出现了用黄土夯筑的土墙，用石块垒砌的石垛墙，用柞木编制的木栅墙，用木板做的木板墙，用红柳枝条与芦苇层层铺砂石的混筑墙，等等。而因为对不同材料的使用，使得长城虽为一个整体，但在不同的地理段落呈现出截然不同的景观。

我们今天看到的长城，主要是明长城的遗迹，如八达岭长城、居庸关长城、司马台长城等，很多是砖石制的，因此有许多人认为砖砌长城是主流。其实不然，2012 年国家文物局公布了长城资源调查情况，长城遗迹总长度 21196.18 千米，但砖砌长城，在全国范围内的总长度仅有 375 千米，在全国长城总长度中占比很小。砖砌长城，一般用石条打基，青砖包面，白灰勾缝。重要的青砖，最早是运用于宫殿或者皇陵修筑的材料，比如秦初的阿房宫、秦地宫，以及汉魏佛塔等，极其昂贵。直至明代，因烧制技术的发展，成本相对降低，青砖才成为广泛使用的修筑材料，大规模运用到长城的建造上来。明代长城所用的砖、瓦、石灰和木料等，一般是就地设窑烧制，官府还设有专门部门供应。从出土的明长城砖窑看，窑口直径3至6米，窑深3到5米，每个窑一批可以出产长城砖5000块左右。窑厂选址一般就地取材，符合“三近”原则。第一，是靠近土源，可以就地取土制坯；第二，是靠近水源，可以就近取水；第三，是靠近燃料，可以就地取材作为烧窑的燃料。以上选址要求，可以尽可能降低砖砌长城的建造成本和难度。而在砖石黏合剂使用上，除了砖石以外，它的黏合技术更是让现代人都赞不绝口。这些砖石，制造时运用了沙子、碎石以及煤渣等，彼此间黏合性极强，这也是为什么明长城固若金汤、保存较好的一个原因。

即使是修造技术条件较为先进的明代，明长城真正用砖石垒砌得也不多，绝大部分地方都是使用黄土夯筑或石料垒砌。最早，在秦汉大规模修筑长城的时期，大多是现场取材，大致就是取用长城选址周边的泥土，夯土成块来筑城。崔豹在《古今注·都邑》中曾提及秦汉长城的土色问题，“秦所筑长城，土色皆紫，汉亦然，故云紫塞焉”。可见，在当时选址上，可能与使用当地富含紫色砂岩和页岩风化物较多的泥土有关。还有的地方使用了芦苇或草等材料，用其编成槽板，插在黄泥之中，这样既方便城墙排水，也能增加墙体的强度。而在一些重要的山地地段，人们会利用周边现成的石材，将其加工成扁平规则的石片交错叠压，打造石砌长城。还有的地方使用混筑材料，比如在沙漠地带，则用沙土、芦苇或柳条等多种材料混合，层层铺沙修筑。

长城选用的砖、石、瓦甚至植物等建筑材料，基本都是就地取材，因地制宜而筑。这些大型的夯土泥块、砖块、条石，在当时的条件下，沿线地理环境复杂，其堆砌修筑的难度可想而知，离不开大量人力和劳工智慧。古代劳力集中，长城一砖、一瓦、一土、一石，都浸透了古代劳动人民的血汗，长城高高耸立，千年不倒，正因凝聚着匠心和智慧，凝聚着自强不息与众志成城的精魄所致。

67

古代长城修筑的主要方法有哪些?

图 3-5　夯土法筑墙（资料来源：［美］鲁道夫・P. 霍梅尔《手艺中国：中国手工业调查图录》）

长城的修筑从战国到明后期，持续了 2000 多年。由于各个时代的生产力、技术水平不同，历代修建的长城在构造、建筑方法及形制方面都有所区别。就不同历史时期筑城技术而言，分为版筑、石砌、砖砌、混砌等主要方法。

北魏以前各朝所修的长城，以版筑夯土为主。夯土法筑墙的历史非常久远，从龙山时期开始，当时的古城墙如山东历城县城子崖建筑遗址、阳谷县景阳冈古城、河南淮阳平粮台、陕西榆林石卯遗址等，就采用了夯土法建造。在这些古城外，先挖掘一道壕堑，再夯筑土岭，然后一点点修整削减，使得外坡能够竖直壁立，形成外侧壕堑和内侧立墙的组合。夯筑与削减并举的建筑城墙的方式，增加了城墙的稳定性和防御性。这些早期的城墙多使用夯筑法，完全以土石堆砌成为整块，然后再进行修整，这就导致整块土石很笨重移动不太方便，且失误后会造成整堵墙无法使用。

进入春秋战国时期，由于战争的频繁，原先的筑城效率需要提升。因此，对传统的夯筑法进行了升级，在土块内部增加模板，板面填满黏土或灰石，将一层模板置于两根圆木之间，用草绳把圆木连接缚紧，再填土夯筑，然后割断草绳，把圆木上移，缚紧后夯土。每夯完一层，就逐步上移一层，直到达到所需城墙的高度。这就是所谓的桢杆筑法（椽筑法）。据《尚书·周书·费誓》记载：“鲁人三郊三遂，峙乃桢干。”

图 3-6　椽筑法示意图（资料来源：中国科学院自然科学史研究所《中国古代建筑技术史》）

秦统一六国后，秦始皇大规模修筑长城，当时的建筑水平十分有限，人们筑造长城时延续古老的夯土版筑工艺。较之椽筑法，秦修筑长城时，会先在地上挖沟，放入基石并加以固定，用两块侧板、一块端板和基石搭成一个小木盒，再将黄泥填到木盒里面压实，等到黄泥凝固，最后再将木板撤去，取出泥砖。这是第一版。再把模具放在第一版之上，筑第二版。

随版升高，直到所需高度为止，用这种方法筑成的是一道整墙，以若干版叠加而成。这就是所谓的版筑法。汉朝时期，新的筑造工艺开始成熟，除了夯土版筑筑城外，还使用土坯砌墙法。这种方法类似于我们现在用砖头垒墙的方法，但汉朝没有现代烧制后的红砖，而是用没有烧制过的泥坯，这些泥坯也不称作砖，时人称之为墼（jī）。与夯土筑城一样，土坯材质的长城最大的优点同样是可以就地取材，而且更加方便。甚至由于少了挖沟填埋地基这一步，它的建造速度还要快过秦朝时期的版筑法。

北魏时出现了砖石结构的长城，之后流行的大多是石筑、砖砌、混砌的方法。像明代长城的工程技术、形制和防御功能均达到了我国长城修筑史上的高峰。因为所跨地域广、长度长，因此明代长城比较广泛地运用了石砌法、砖砌法、砖石混砌法。其中，石砌法是指将平薄的石片交错叠压垒砌长城。砖砌法用砖铺砌而成，表层多用方砖，底层选用大块的条砖铺砌，用纯白石灰砌缝。砖石混砌法，外侧用整齐的条石或者砖石垒砌，内部则填满石块和灰土，所筑城墙非常坚实稳定。

从长城出现之日起，就不单是一堵孤立的城墙，这一雄伟的工程拥有独特的形制和建筑工艺，而且越到后期技术越完善、越严密，使长城的整体防御能力不断增强，充分表现了我国古代建筑工程的高度成就，彰显了我国古代劳动人民的聪明才智。

68

东西方的古世界地图中为何都出现了长城？

我们看今天的地图，常常看到北方蜿蜒长城的“小像”，长城绵延万里，体积庞大，在地形上极为显眼也极为重要，很早就作为地理上的重要标识，进入到中西方的古代地图之中。

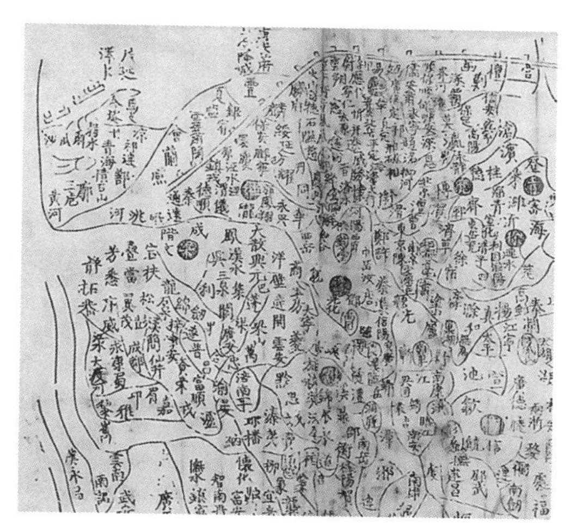

图 3–7　北宋《禹迹图》（局部）（资料来源：北宋税安礼《历代地理指掌图》）

在中国，古代的地图，一般称“舆图”。现存出现长城图像最早的是宋代的《历代地理指掌图》，这是北宋的地图学家税安礼编制的，是我国现存最早的一部历史地图集。这本地图集里面的《禹迹图》（范围是大禹曾经走过的地方）、《圣朝元丰九域图》等都出现了长城。在地图画面上，长城在北部靠边的位置，主体为北宋州郡范围。在这些宋代地图之后，基本上历朝历代的疆域地图之上都会画上长城的图像，长城几乎是当时疆域图的

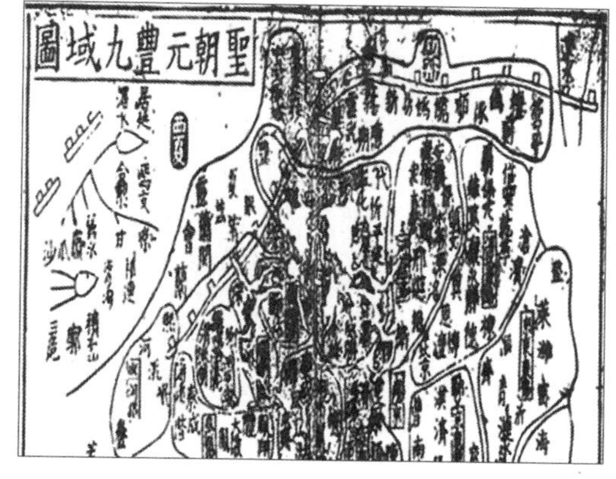

图 3–8　北宋《圣朝元丰九域图》（局部）（资料来源：北宋税安礼《历代地理指掌图》）

“标配”。有趣的是，宋代尤其是南宋，已经失去了对长城的控制权，但宋制地图上却普遍会出现长城，这说明什么？一方面，南宋对王师北定中原还是很有决心的，南宋词人黄中辅《念奴娇》中说：“胡马长驱三犯阙，谁作长城坚壁。万国奔腾，两宫幽陷，此恨何时雪。”反映了这个南渡朝廷的雄心壮志，对实际失去控制的北部中原还有更加北边的长城，宋朝都认为是自己的疆域领土，宋借长城其实想明确自己仍然还是“中国”正统的政权，有统一的责任和义务。另一方面，也的确说明长城到宋朝时已经成为神州大地上巨大的难以忽视的存在，长城直观强烈的地理空间表现，让每个绘制地图的人无法回避它，感到如果缺少它这幅地图就是不合格的。

带有世界地图形制的第一幅地图，现存大致是南宋绍兴六年（1136）刻在石碑上的《华夷图》，传说它是唐朝时期《海内华夷图》的翻刻，因此，可能在唐朝时期就已经有了世界地图。这幅南宋的《华夷图》以传统的禹贡九州为中心，四周向外扩展，包括九州的周边地带，也就是大禹没走过的地方，比如向东在辽水以东画出了朝鲜半岛，往西画出了西域的葱岭，往南画出了印度和南洋地图，而原来在边上的长城，也适当地往画面中心移动了一点，而且配上了相应的标识文字。

图 3–9　卫匡国手持中国地图草图画像（资料来源：1655 年阿姆斯特丹出版的《中国新图志》）

与此同时，在西方也很早出现了地图的踪影。早期的制图由教会支配，大部分反映神权对世界的占领，相对主观，并不写实。随着文艺复兴运动的兴起，科学逐渐影响了欧洲人对世界的看法和绘制地图的方法。在制图领域，也从叙事转向科学叙事。到 1584 年，西班牙

图 3-10　唐维尔版本的中国地图

的巴尔布达绘制了一幅《中国新图》，大概范围是阴山山脉以南，日本海以西，黄河源向东，中南半岛往北，长城作为“中国”边界被表示出来。此后 17 世纪卫匡国的《中国新图志》、18 世纪唐维尔的《中国新图集》，中国在西方绘制的地图上就越清晰和翔实，大部分轮廓依据测绘十分精准，但长城经常被画作北部的边界，这是有违事实的。

综上，中西方的地图，都是从粗糙甚至失实一步一步变得更加清晰准确，但无论如何变迁，都很难见到像长城这样特别的存在，虽然不是自然的地理山川，但它具有在地理上的类自然属性，这也许就是长城频繁出现在中西方地图上的原因。

◎ **延伸阅读**

什么是舆图?

《易经》说的“舆”，就是地卦中的“坤”，代表着大地的本质和道理。舆图是古代先贤用图形来测量、描绘、探查所处世界的方式，是我们中国人对空间认知的表现形式。它是一般以地理山川形貌等为刻画对象的疆域地图，它的制作主要是应政治和军事上的需求。按照《周礼》所载，中国最早的古地图就是《禹贡九州图》，它主要描绘的对象是“九州”，范围大致是扬、荆、豫、青、兖、雍、幽、冀、并九州。

69

古代长城的先进戍防方法有哪些?

长城是古代重要的军事防御建筑工程，集中体现了历史上各朝代的政治思想和军事理念，围绕长城的修筑、使用都体现出当时中国最为先进的军事戍防理念和方法，形成了完备而严密的长城戍防系统，主要体现在兵力布置、信息传递、交通运输三方面。

第一，先进的兵力布置，也就是屯戍制度，依靠少量得当的军队屯驻在长城城墙及城堡进行防御。屯兵城分成不同的等级，驻有数量不等的军队。以明朝为例，大则有镇城、路城、卫城，小则有所城、堡城、关城。这一军事理念，始自秦汉。秦汉时期规定，成年男子要充作戍守京师的正卒或者到边境当戍卒，当时的边境主要就是长城沿线。这么多服役的戍卒，必须要保证他们的粮食物资供应。因此，汉代时开放屯田，也就是“军田”，利用服役的戍卒在长城附近的土地上从事农业生产，以保证边兵不会断炊，从而减轻国家军费负担。这些屯田都设有专门管理机构，如汉代阳关，就有相应的田官、城官，分管屯田、屯兵事宜。汉代屯田制度，对推动北部地区农耕业的发展以及促进西域丝绸之路的贸易有着积极意义。一直到明朝，长城边戍军队的粮饷，基本由屯田供养。但明中叶以后，国政日乱，出现了很多屯田被官员霸占、贱卖屯田和逃兵的情况，明朝逐渐废止屯田制度，原先的服役制被募兵制所取代，这也符合时代发展的趋势。

第二，先进的信息传递，也就是烽传制度。通过烽燧、敌台等建筑，边戍士兵可以监控周边军情，随时对外传递军事信息。出土汉简中就对此有过许多记载，对出现什么样的军情，燃什么样的炬火，有了一套自己的军用“摩斯密码”。比如说看到一个敌人以上进犯的，“燔一积薪，举二烽，夜二苣火”；看到 10 人以上的，在塞外燔举扬起；望见有 500 人以上的，就“燔一积薪，举三烽，夜三苣火”，信息非常明确详细。同时在监控敌

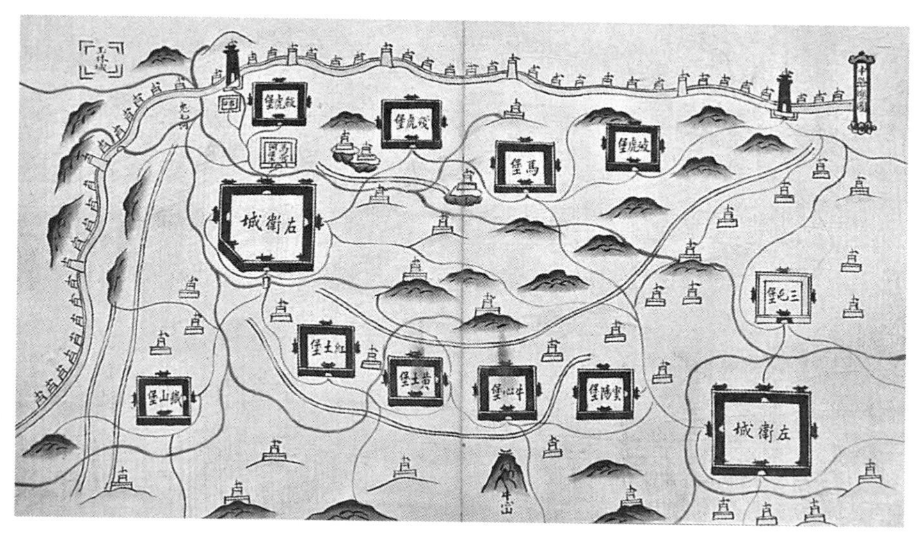

图 3–11　烽火台（中国科学院文献情报中心藏《整饬大同左卫兵备道造完所属各城堡图说·中路总图》）

情上，自明朝起有一个创举，就是空心敌台，据说是名将戚继光地创造。“城上有台，台上有楼，高下深广，相地宜以曲全，悬瞭城外，纤悉莫隐”。在高处设立敌台，中心空心，容纳军士进入观测监控周边，和烽火台等相配套使用，大大增强了长城防御能力。

第三，先进的交通运输，就是边关的驿传系统。通过长城边堡等重要军事重镇，设置驿路城、递运所和驿站，为递送公文的人员或往来军用物资运输的安全保障人员进行服务。汉代长城就有亭燧，用以进行邮书传递。从克亚克库都克烽燧（沙堆烽）出土的汉简，就有很多邮书传递的文字记录。明长城上的驿传则更加先进，驿路上不仅有密集的城、所、站，而且建有站台，可以加强不同驿站间的联系。

长城军事戍防的先进性，在战争中充分得到验证和体现，长城的兵屯、烽传、驿传交通等，相互配合紧密，有效加强了长城的军事防御能力，从而对敌人达到威慑作用。古人用先进的军防，意图得到境内的安宁和平，长城真正可以称得上是“和平守望者”。

70

长城守备的主要兵器有哪些？

长城是一套巨大的军防系统，围绕人员戍防、粮食物资、武器装备、建筑材料、信息传递等，都有专门的子系统和管理专责部门，进行统一生产供应、调动和分配。武器作为戍守军士的重要战力来源，处在重要位置。

这些武器，分为冷兵器和火器两类，按照不同武器类型发展使用的情况看，基本在明代以前，大多使用的是冷兵器。明及清，火器（热武器）开始在一定范围内装备使用。

冷兵器，出现于人类社会发展的早期，由耕作、狩猎等劳动工具演变而成，随着战争需要和材料加工冶炼技术地提高，实现从早期的石质武器、骨质、蚌质、竹质、木质到青铜、钢铁的演变，不断实现多样化、精细化。中国长城周边使用的钢铁兵器，一般是这一时期最为先进的冷兵器配备。

冷兵器按照用途大致分为进攻型兵器、防护型装具、攻守器械3种。进攻型兵器，例如弓、弩、投石索、弹弓、镖等远距离杀伤敌人的远射兵器，还有矛、枪、槊、戈、戟等在长柄上安装有锋利的刃，具有杀伤性的长柄武器，以及剑、刀、匕首等单手使用的短柄兵器，主要用作护体防身。长柄兵器是冷兵器时代战场上配置最多、最基本的攻击型兵器。有进攻的武器，也需要有防护性的装具，例如常见的有铠甲、盔胄、盾牌等。相较于其他战场，长城重要的军事边堡戍守中使用较多的还是攻守器械，包括攻城器械、守城器械。攻城器械主要用于迅速跨越壕堑等障碍，成功登上城顶，攻破城门城墙或挖地道进入敌方城中，例如攀城的云梯、撞击关门的冲撞车、堵门的刀车等越障、破障的武器。还有一类是守城器械，主要包括利用尖锐或者热度来防止敌人攀城墙的御敌器，例如铁火床、游火铁箱、行炉、猛火油柜、狼牙板，以及及时发现并破坏地方火攻、挖地道、掘城墙的溜筒、水囊、暗门等，另外还有如钓桥、拒马等补救堵塞被敌人破坏的城墙缺口或城门等的护城器械。这些攻城和守城的器械，互相配套、相辅相成，在历史上居庸关、山海关等处攻守战中，都发挥出很好的作用。

到了明代，这些冷兵器在材料、制作技术、制造工艺上都有了进一步的改良，使用性能和品质种类都有了很大的发展，进入到成熟的发展阶段。另一方面，兵器中逐渐发展成为重要的独特类型——火器，得到了重大发

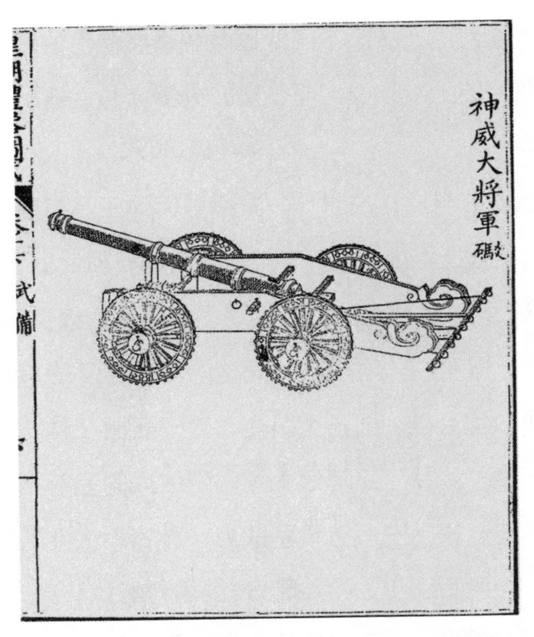

图 3-12　神威大将军炮（资料来源：清代《皇朝礼器图式》）

展。明清长城边镇配置了众多种类的火器，例如佛朗机炮、红夷炮、神飞炮、神威大将军炮、霹雳火球、火枪、火箭、鸟铳等。明永乐年间更专门组建了“神机营”，这种独立炮兵建制在当时的亚洲乃至世界范围内都首屈一指。从居庸关留下的资料看，明早期主要配置的自主制造的火器是竹节炮，炮身铁制，炮身多箍，因像竹节而得名。明中后期到清朝，配备的重型火器是将军铁炮。有大将军炮，长 158 厘米，内口径 8 厘米，重 580 斤。二将军炮，属于“竹节炮”中的一种，一门 4 节，长度是大将军炮的一半，重量只有五分之一。清朝还有神威大将军炮，炮为铜质前膛炮，每发装填 1.5 公斤的火药，炮弹重 3—4 公斤，在清征讨噶尔丹的战争中，成为制胜的关键。

而随着长城防戍对火器需求量的加大，促进了明朝长城专供的军工产业发展。在明洪武十三年（1380）出现了军器局部门，专门负责制造各种兵器，实行标准化和单一管理，管理比较严谨。长城沿线重要关镇的军器局是整个军工供应网络的重要组成部分，例如山海卫的军器局，始建于明洪武十四年（1381），下设有神枪库、军器库、火药库等，主要用于山海关防卫部门的军器生产和专门管理。

总的来说，长城凝聚了最先进的军事管理理念，也汇聚了当时最为先进的兵器。这些军用器械种类很多，伴随各种长城防御的建筑设施，和英勇的戍边将士一起，构成强大的、系统的战略防御体系。

71

烽火台为何偏爱狼烟？狼烟中的“狼”究竟指的是什么？

烽火台，又称墩台、烽堠、狼烟墩，是长城建筑系统中的重要建筑类型，是长城防御系统的基层组织，承担了重要的军情传递和预警作用。自汉以后，烽火台与长城密切结为一体，在我国古代军事史上占有重要地位。

烽火台存在的历史较早，早在汉朝时便已经作为长城的附属设施存在。它的修筑也遵循长城因地制宜的原则，主要用黄土夯筑、土坯砌筑、石砌和包砖等修筑方式，一般依地形山势修在较高处，便于观察四周的军情，每一座烽火台之间都有一定距离，彼此之间可以传递信息。汉朝时期随着疆域进一步扩大，丝绸之路向西延伸，汉朝选择在长城沿线及其延伸地区建筑烽火台，当时称烽燧。烽燧的样式，汉代出土的竹简有进行说明，烽台高 5 丈余，烽杆长 3 丈，彼此相距差不多是四五十里，燧则设置较多较密，大约相距 10 里。烽、燧顶上放置“长杆二”“皮置臬草各一毋阁”，大致是在土砌台子竖立高架子，上挂一个笼子，笼子内装着干枯麻草，如有敌人来犯，则放火焚烧，一般在夜间，这就叫作“烽”。“燧”就是燃烟的柴草，一般在白天用。这样白天燃烟、晚间点火，昼夜交替、一刻不停，所以叫作“烽燧”。

烽燧不仅仅只是预警报信的设施，烽燧建筑中还有戍守的兵士，例如汉代每座烽燧中，一般小的有 5—6 人，多的有 10 多人，他们统称为“烽子”，由燧长管理。烽子的任务安排，是一人守望，其余从事修建，还有的承担收集柴草等工作，还有一人专做炊事工作。烽燧之中还可以进行简单修葺，躲避风沙，内里放置一些兵器和柴火等物资。可以看出烽燧内部是有一定空间的，所存守备器物和生活用品是相当丰富的。很多烽火台的南侧建有房屋，现在仍残存有房屋遗迹以及掩埋烧毁生活垃圾的灰堆，不少烽火台周围还有屯田生产的遗迹。

长城实现预警报警，主要通过燃烟和放火或举起旗帜等醒目标志来达到最快传递信息的目的。如何确保相应的信号稳定且引人注目，古人做了很多试验探索。比如一般燃烽选用柴草，有时数量不够也会就近取材，比如汉朝新疆地带的烽燧会选用红柳、梭梭树、杂草与干树枝。这些干草燃料搜集完成后，会将其系在长杆上，在夜间点燃举起，火光在夜间传递的范围较远。在白天天光太盛，用火焰就不行，因此选择在墩台上厚积柴薪，有敌情的时候就先以干柴点燃，再配以半湿柴，形成浓烟示警。后来，为了节省柴薪，逐渐在点烽时加入一些特殊矿物质材料，例如硫黄、硝石助燃，同时施以牲畜干粪，例如狼粪。《酉阳杂俎 · 毛篇》载：“狼粪烟直上，烽火用之。”据说添加狼粪后，燃放出来的烟直而聚，风吹不斜，易于辨识。因此烽火台，又有“狼烟台”的称呼。但也有人指出，狼烟是一种谣传，狼粪搜集不易，而且量小，效果被夸大，称之“狼烟”，主要是用狼代指危险的敌人，草原部落大多信仰狼，故唐朝将吐蕃称作“狼蕃”。燃烧狼烟，代表着有外敌入侵。因此，所谓的“狼烟”，只是见“狼”放烟，用狼粪放烟可能只是一种历史的误会罢了。

72

“月球上能看到长城”是实情还是谎言？

鲁迅曾经在他的杂文《长城》中，称赞长城是伟大的工程，指出长城在地图上也还有它的“小像”，这是“凡是世界上稍有知识的人们，大概都知道的罢”。在世界历史上，长城闻名于世，在西方的早期世界地图上，就已经占据一席之地，成为伟大的、显眼的人造奇迹。但长城的“传说”不仅止步于此，甚至在浩瀚的太空之中，长城似乎也是个显眼的存在。

这个看起来很提振民族自信心的消息的原版，其实最早出自 1895 年英国的新闻工作者亨利 · 诺曼撰写的一篇政治新闻，内文在论述中国的政治现实和历史时提道：“除了拥有久远的年代外，中国还享誉地球上唯一一个可以在月球上观测到的人造工程。”这篇文章《远东人民与政治》后来在 1904 年通过国人的译介传入了中国。这个论述似乎也被美国的知名漫画家罗伯特 · 李普利看到了。这位漫画家爱好探险，最喜欢奇闻轶事，他曾周游 198 个国家，就是为搜集世界各地奇闻轶事的第一手资料，因此被誉为现代的马可 · 波罗。1921 年，他在《纽约环球报》开办了一个名为《信不信由你》的漫画专栏，以漫画形式介绍世界各地的奇闻轶事，是世界上持续时间最长、读者面最广的漫画专栏。在月球看到长城无疑又是一件世界级的奇闻，李普利没有放过这则奇闻，并将它画了出来，果然得到了极大的轰动和追捧。

传闻的一大定律就是越传越奇。等到了 20 世纪 30 年代，在那个时候，全世界的人们已经都依靠摄影技术等普遍了解到了长城的巍峨身躯。长城在西方的名气越来越大，他们认为不仅仅是在月球上可以看到长城，在更加广阔的太空，乃至更加遥远的火星都可以看到长城了。1937年，美国历史科普作家房龙创作了一本科幻小说——《地球的故事》，书里面房龙是这么写幻想奇景的："人们穿着厚厚的太空服，搭载装满燃料的火箭来到月球，但他们从这里鸟瞰自己的故乡时，中国的长城成为月球基地唯一能够看到的建筑物。"《地球的故事》提出的理念和科技都是过去人们不曾想到的，十分新鲜奇特，所以书一经出版，受到了非常多人的欢迎，被翻译成德文、西班牙文、日文还有中文，因此"太空中看得到长城"的猜想在全世界范围内广为流行。

上述漫画、政论文章、科幻小说，无论是1904年、1921年还是1937年，当时人们还没能飞上太空。直到1969年人类首次登月，才有相对科学直接的依据传回来。阿姆斯特朗是第一个登月的人，他说他确实看到了巨大的大陆、湖泊和蓝白色的斑点，但是他无法从月球表面辨认任何人造工程。20世纪90年代，同阿姆斯特朗同行的另一名登月的宇航员奥尔德林同样否认可以在月球上看到长城。第二次登月的阿波罗12号的宇航员阿兰·比恩曾说："在这个尺度上，已经没有任何人造物体是可见的。"2003年，我国的宇航员杨利伟执行了中国首次载人航天飞行任务，当杨利伟从太空归来时，杨利伟同样否认可以在太空中看到长城。要知道宇航员登月比去太空距离更远，更加复杂，难度更大。目前我国宇航员航天，主要是在环绕地球的轨道上进行，高度在距离地球表面数百公里的太空，像我们的天宫空间站轨道高度是340—450公里。而月球距离地球38.4万公里，杨利伟证实从太空中无法用肉眼看见长城，那么在月球上看到长城就更无可能了。

但这些并没有办法驱散大家对于长城的神话想象。2001年，人教版四年级语文教材，曾收录了一篇散文《长城砖》，里面写道"从天外观察我们的星球，用肉眼辨认出两个工程：一个是荷兰的围海大堤，另一个就是中国的万里长城！”实际上，长城城墙宽度为 10 米，普通人肉眼可识别长城的最远距离约为 20 千米，更别说是从 38 万多千米外的月球上看长城了。即使排除掉气候、云层对观测的影响，想要肉眼看到长城，是根本不可能的，因此从大气层之外，根本就无法看到长城。观察长城不可能凭借肉眼，还是得借助超高倍数望远镜。2004 年，欧洲太空总署（ESA）曾公布了卫星拍摄的照片，对外公布拍到了中国的万里长城，后来证明那只是一条流入北京密云水库的河流。

从月球上，无法用肉眼看到长城这件事，似乎是确信的了。这个传扬了一个多世纪的“谎言”，实际上是大家对长城形象的美好想象，将这个人类举世瞩目的奇迹进行了想象和美饰，而且这种幻想首先来自西方，后来传回到了国内。可见，长城这个伟大的人工建筑，对它的喜爱和探索，无疑是世界性的。

73

长城资源普查怎样实现为长城精准“量体”？

长城作为人类历史上最伟大的建筑之一和世界文化遗产，是我们中华民族伟大的“家产”，为了摸清长城“家底”，2006 年国家启动长城资源的全面调查工作。

长城资源调查是一次大的“普查”，共覆盖有长城遗迹的所有省份地域，包括黑龙江、辽宁、吉林、河北、北京、天津、内蒙古、山西、宁夏、陕西、甘肃、山东、河南、青海、新疆等 15 个省（区、市），普查的长城资源主要包括 3 个方面的内容。一是，历代长城的规模、分布、构成、走向及其时代、自然与人文环境、保护与管理现状等基础资料以及存在的问题。二是，长城基础地理信息和长城专题要素数据，发布长城长度等重要信息。三是，建立科学、准确、翔实的长城记录档案和长城资源信息系统，为加强长城保护管理和进行科学研究提供依据等。据长城的时空分布规律，确定了两步走的阶段。第一阶段是对资源最为完整的明长城资源进行调查，还有就是对秦汉及其他时代长城资源调查第二个阶段的工作。

和以往清末以及民国时期国内包括外国以长城资源调查为名开展的测量行动相比，2006 年的这次测绘更加全面完整，也运用了众多最为先进的测绘仪具和方法，因此得到的数据更加翔实、真实、准确。在长城资源普查中，主要采用了野外考古调查的专业方法，并充分利用了现代测绘科技手段，由国家测绘局专门派出工作组进行指导培训，开创性地建立了考古调查与测绘相结合的工作模式。

为了更加精准地对长城进行“量体”，野外调查工作投入了大量的人力和时间，程序上也十分严谨。野外测量主要分为 8 个步骤。第 1 步，确定调查对象。包括：长城本体、附属设施及相关遗存等。第 2 步，利用 1：10000 尺寸的影像图、地形图、航拍片对被调查的长城段落进行现场标绘确认。第 3 步，利用 GPS（全球定位系统）卫星采集相关数据，为数据整合提供原始资料，和野外测绘进行对照。第 4 步，调查人员每天要填写调查日志，对调查对象进行文字记录，并填写长城资源调查登记表，确保每天测绘的数据及时存储，也便于复核。第 5 步，按规定对所采集的 GPS 数据及其他测量数据进行校核，因为这次长城资源普查的精度要求特别高，因此需要进行反复核查、实时保存和记录。第 6 步，将搜集记录的原始文字及数据资料交由专人临时归卷管理和整理。第 7 步，通过考古等

图 3-13 国家文物局、测绘局小组工作图

科技方法，结合文献和前人经验，判断墙体的时代范围。最后一步，运用当时最为先进的测绘工具对长城墙体长度进行精确测绘。

2006 年启动的这次长城资源普查是中国历史上对国境内各时代的所有长城墙体及相关遗存进行的首次全面调查，调查获得了大量第一手资料，基本摸清了长城的家底，首次获得长城的精确长度 21196.18 千米，新发现了一批长城遗迹，如天津明长城的火池、烟灶等遗迹，对长城的认识也得到进一步深化，为长城保护工程奠定了坚实的基础，具有深远的意义。

74

“长城数字再现”如何借助人工智能（AI）技术实现?

在清晨的雾霭之中，雄伟的万里长城随山峦起伏，阳光为其镀上一层金色光晕。等到夜幕降临时，长城的轮廓显得更加如梦似幻，远方碉楼之中，星火闪耀。这些令人身临其境的场景，其实并非实景，而是依靠 AI 技术，搭建起来的数字长城。近年来，随着长城保护成为全民共识，一些新的保护开发技术运用到长城身上，令这座古老长城借助新的技术重新充满活力。

目前，利用 AI 技术呈现长城原貌的有很多国内外机构，比较成熟领先的是由国家文物局指导，中国文物保护基金会、中国著名互联网企业的公益慈善基金会主办的长城数字文化产品项目，主要是对喜峰口长城生态进行数字还原。

长城数字文化产品计划最初源于 2014 年，当时地图团队在西部省份采集信息，绘制出 900 千米 360° 高精全景的长城影像，为后续的计划奠定了一定基础。2017 年，很多涉及长城保护的文创游戏横空出世，以活泼的游戏形象向年轻用户传达长城的故事。

而随着数字技术发展的突飞猛进，一些互联网企业开始尝试使用数字技术来保护长城、传播长城价值，协同高校研究机构、长城小站等众多长城保护研究专业机构及社会团体，推出了许多长城数字文化产品。比如，通过微信小程序可以浏览基于游戏技术打造的“数字长城”，用户通过手机就能立即“穿越”到喜峰口西潘家口段长城。通过“数字长城”，用户可以在线“爬长城”，直观体验到影视级超写实的沉浸式场景；用户也可以“修长城”，通过考古、清理、砌筑、勾缝、砖墙剔补和支护加固等简单趣味的互动，了解长城常识和修缮知识。这样的长城数字文化产品具有突破性，通过云游戏技术，实现最大规模的文化遗产毫米级高精度、沉浸交互式的数字还原。

为了构建和增强长城环境和优质的体验，长城数字文化产品创新运用了很多技术：一个是 Photogrammetry（摄影测量学）技术，通过使用激光拍摄形状，单反拍摄照片，无人机拍摄大致地形等方法扫描长城实景，渲染了超 5 万张的海量素材，生成了超 10 亿面的 1：1 的超拟真数字场景；同时为了增强画面的细腻真实程度，还使用 PCG（程序化内容生成）技术，这一技术可以生成大量重复性内容，从而快速地还原了当地的真实地形与植被；还使用了 Nanite（极高模型细节技术），可以支持处理长城多达 10 亿$^{+}$面的数据信息，达到毫米级的还原；又自研 SR（超分辨率）技术支持增强现实，通过对低分辨率的图像使用 AI 技术将画面放大，最终以高分辨率呈现在用户眼前，保证用户体验的同时，减少服务器渲染的压力；为了增强现实，还使用了 Lumen（全局动态光照）技术，让用户在不同时间段访问产品小程序，都可以看到非常真实自然的光照效果，

图 3-14　“云游长城”小程序界面

这就是 Lumen 模拟出来的。

2018 年 7 月，国外某互联网公司运用 AI 和猎鹰 8 号无人机技术，对箭扣长城进行了长城整体和局部的航拍，精确采集高精度图像，然后进行 3D（三维）建模和损毁部位的人工智能识别和智能数字化修复，对实际的长城修缮和维护提供指导和参考数据。

总而言之，在长城保护修复开发的过程中，AI、人工智能算法、高性能计算平台、云游戏技术等最新技术已经参与进来，在提供技术和数据支持的同时，还通过搭建场景，拉近公众与长城的距离，引导大众积极参与长城保护，更深度地了解长城文化，推动文化遗产创新保护。

第四篇 绿色生态

75

长城和气候地理分界线是什么关系？

长城虽然是一个人造的建筑，但在自然地理气候方面扮演了重要的角色。近年来，围绕长城是否可以算是自然地理气候分界线的讨论逐渐增多，一些和地理气象研究相结合，提出了一些重要的将长城作为气候地理分界线的论点。

第一，半湿润与干旱气候分界线。北部河北、内蒙古、山西、陕西一带沿长城一线的布设，与我国半湿润与干旱气候分界线基本一致，长城南侧属于暖温带、半干旱地区，主要植被是森林、草原，是黄土分布。北侧属于中温带、干旱地区，植被是干草原与荒漠草原、荒漠，分布着沙质干燥的土壤。因此，长城被视作我国农区和牧区分界线的标志。长城以南以种植业为主，小麦作物可以两年三熟；长城以北则以牧业为主，即便进行农耕，也无法种植冬小麦，因此作物大多一年一熟，以春小麦、糜子、谷子等作物为主。

第二，15 英寸地理等雨线。15 英寸就是 381 毫米等雨线，约等于 400 毫米等雨线。这线从中国东北向西南延伸，北边的一段与长城大致相合。华裔历史学家黄仁宇在《中国大历史》中为长城农牧分界线的探讨找到新的证据，他认为等雨线之东南，平均每年至少有 15 英寸的雨量，雨水丰沛，土地肥沃，有农耕的良好条件。长城沿线以北，经年的雨量常常不及 15 英寸，无法经营农业，只有游牧业才能生存。15 英寸降雨量是农耕文明需要的最低年降雨量，因此这条等雨线促成了农业和游牧两种不同的生产方式和生活方式。当然，黄仁宇先生的论点大多还是基于理论，有学者通过对气象台降水、气温、风速、日照百分率、绝对湿度进行观测计算，得出内蒙古高原及长城沿线是干湿带界线的组成部分，为长城也是一条自然地理环境分界线做了进一步佐证。

总之，长城在我国，是我国自然地理区划中的一条重要界线，也是人口分布密度的重要界线（金界壕遗址基本沿“胡焕庸线”分布），但这些界线并非一成不变的，长城在历史上也许曾经作为相应的雨量线、干湿分界线存在，这也是农耕、游牧两种生产生活形态彼此接触的最前线。随着气候变化，原先的干湿自然地带也会逐渐发生变化，长城沿线并不一定与自然地理界线完全吻合。因此，与其说长城是分界线，不如说，可以将长城视作一个不同自然地带的“过渡带”。从历史上看，长城沿线地带呈现出农牧转换的情况，既有经营农业的，也可以通过游牧求生存，农耕民族与游牧以及渔猎民族，都在长城脚下彼此接触，大多数时候相安无事，共同用自身独特的文化、习俗改变着这个地区的面貌，共同推动文化的交往、交流、交融。

76

“春风不度玉门关”是真的吗？

长城塞外，玉门关外，在人们的印象中总是分外苦寒，一般立即会让人联想到黄沙、白雪、冷月、清霜。特别是唐代诗人王之涣留下的千古传诵的名篇《凉州词》“黄河远上白云间，一片孤城万仞山。羌笛何须怨杨柳，春风不度玉门关”，既将戍守边关将士的寂寥思乡之情表现得淋漓尽致，也给世人留下长城玉门关苦寒的深刻印象。那么，春风真的不度玉门关吗？

图 4–1　古地图上的玉门关（资料来源：南宋淳祐《地理图》墨线图西北局部）

这首先要从玉门关的地理位置说起。玉门关故址在今甘肃省敦煌市西北小方盘城，即甘肃省敦煌市城西北 80 千米的戈壁滩上。西汉元鼎元年（公元前 116），朝廷修筑酒泉至玉门间的长城，玉门关当随之设立，为汉时通往西域各地的门户。从位置可以得知，玉门关所在的甘肃敦煌地处西北内陆，属于温带大陆性气候。而长城这一段所处的位置大致和大兴安岭—阴山—贺兰山—巴颜喀拉山—冈底斯山一线保持一致，处在季风区和非季风区的分界线上。王之涣《凉州词》中的“春风不度”中的春风指的是夏季风，是从海洋上吹过来的暖湿偏南气流。玉门关以东为季风区，太平洋海洋温湿气流可以到达，因此降雨量较大，比较湿润。玉门关以西为非季风区，受夏季风影响小，大部分地区气候干燥，由此形成了典型的温带大陆性气候。大陆性气候的其中一个明显特征就是夏季炎热干燥，冬季低温少雨，因此并不利于种植。

另一方面，是由于受到特定地形地势的影响。玉门关四周群山环绕，玉门关西面和帕米尔高原合抱，南面和青藏高原相接，东南面则与著名的贺兰山相连，高大的山脉、一些大小不同的盆地丘壑，地形起伏很大，地理环境复杂，气候有着明显的大陆性特征。从东面而来的太平洋暖湿气流、自西面而来的大西洋暖湿气流，都被山系阻隔在外，从西南部印度洋来的暖湿气流，又被喜马拉雅山阻隔，由此也导致了大陆气候的形成，季节变化不明显，冬季寒冷漫长，春季则相对较短，气温较低，达不到种子萌发的条件。

当然，如果全然从科学的角度来说，一般认为柳树类植物在大陆气候下相对容易成活，耐寒、耐涝、耐旱，一些品种较耐旱和耐盐碱，可以适应生态条件较恶劣的地方。但普通柳树一般喜欢温暖至高温的气候，但在耐寒的条件下，如果气候相对湿润，树种也可以发芽，所以，在玉门关的环境中，春季温度虽然较低，但如果湿度足够，杨柳也会发芽。

因此，“羌笛何须怨杨柳，春风不度玉门关”，可能既是相对写实的，描写玉门关外自然环境的诗句，也一定掺杂了诗人对于怀才不遇、不受重视，皇帝的恩赏很难到达西部边远的玉门关外这样的情思。景情结合，情景相依，催生出这句千古的绝句，使“春风不度”成为令人记忆深刻的景象，传唱至今。

77

长城修筑中起到大作用的动物有哪些?

在对“考古中国”重大项目、获得 2021 年度中国十大考古新发现的克亚克库都克烽燧遗址的考古挖掘过程中，除了重要的汉简出土外，还在沙堆遗址中有一个特殊的发现——那就是大量动植物标本。目前，发现水稻、青稞、大麦、小麦、粟、黍、桃、杏、枣、葱、甜瓜、亚麻、苜蓿等 40 余种植物，以及马鹿、黄羊、野猪、野兔、马、牛、羊、驴、狗、鸡、骆驼、天鹅、鱼等数十种动物标本。那么，在长城相关的戍守建筑中出现的众多动物，主要有什么作用？按承担的功能作用，可以将这些动物大致分成 3 类。

一类是运输工具，承担信息传送和物资运输的功能。长城体积巨大，所使用的原材料也十分众多，绝大部分是用巨大的土石块、砖石、木料、石灰，等等。除了依靠人力和特定的机械外，很大程度上需要借用动物的力量，这是长城修筑过程中一种重要的运输方式。牛、马，以及骆驼、山羊、毛驴等一些家畜，可以将砖块、石头驮负前行，节省人力投入，提高长城

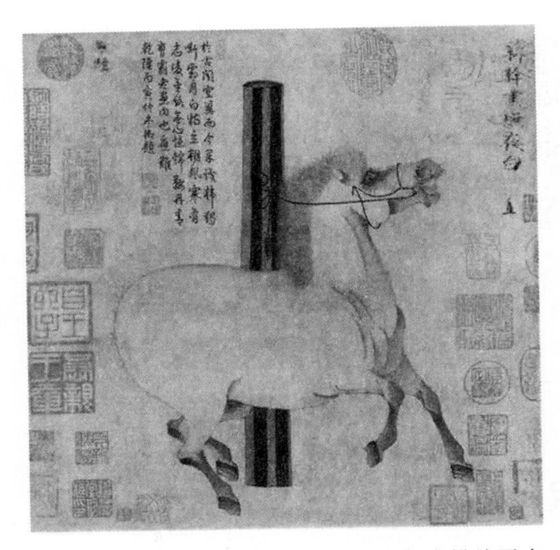

图4-2 唐代韩幹《照夜白图卷》中描绘了来自大宛的汗血宝马照夜白（美国大都会博物馆藏）

修筑的工作效率。尤其是在一些险要地势处，人难以携带货物攀登行进，可行的一个方法就是利用善于爬山的山羊和毛驴，把石灰等材料盛于筐袋之中，架在它们的背上，或者把砖块等系在山羊角上或驮在山羊、毛驴的背上，然后驱使这些动物上山去。一些地区的山羊还可以帮忙运送盐、粮食、物资，等等。

一类是战力支持，最重要的就是马匹，尤其是战马。先秦时期，持戈矛的步兵为战力之重，马为驾驶战车的役使畜力，起到配合作用。赵武灵王实行胡服骑射改革之后，骑兵大规模、整建制出现，在与以游击战为主要战斗方式的骑马民族的对战中，马越来越在战场上得到重视，逐渐成为草原战争的核心交通战力。在汉匈矛盾日益激化的背景下，为缓解来自边患骑兵战力不等的压力，武帝在内为伐胡而“盛养马，马之往来食长安者数万匹”，对外曾以千金求大宛马，并使贰师将军李广利远击大宛，使西域诸国震惧献马。马匹在长城战争中的运用可以想见，在平常，也有马匹承担负重运输和往来驿站传递信息的职能。

一类是粮食供应，长城戍守的边关重镇，虽然依靠屯田，可以实现基本的粮食供应，但在一些极端天气或者运输补给不足的时候，戍边将士的食物可能就会短缺，需要猎捕或饲养一些动物用于食用。像克亚克库都克烽燧在一些灰堆（主要用作掩埋生活垃圾之用）中，就发现了大量的野兔、黄羊的骨骸以及大量鱼骨、渔网及保存完整的木兽夹，反映了当时戍边的将士可能在闲暇之时，通过在周边捕鱼猎兽来进行补给。除了食用以外，这些动物剥下来的皮毛可以成衣成帽用于御寒，这对在寒冷西北地区戍守的将士来说也十分重要。

78

长城会阻隔动物自然迁徙吗?

长城沿线经过 15 个省（区、市），绵延 2 万多千米，沿线有山体、森林、村庄等形态多样的生态系统和丰富的自然人文资源，孕育有众多的野生动植物。从生态保护的角度来说，人工修筑的长城会影响动物的迁徙和生存吗?

从长城沿线的野生动物分布来看，主要包括野生的兽类，以食草动物为主。因为长城沿线大多处在北纬 40 度左右，大部分都是草原、平原，适合草场生长且牧草品质较好，容易吸引食草动物，包括羚牛、林麝、斑羚、黄羊、岩羊等，都是长城沿线比较活跃的野生食草兽类。一些相应的如狼、云豹、猞猁等食肉动物也主要分布在长城沿线地区。

长城沿线还有众多的野生鸟类资源。除一般如麻雀、雉鸡等常见的野生鸟类外，还包括朱鹮、白鹳、白肩雕、白琵鹭、金雕、黑鹳、苍鹰、赤腹鹰、雀鹰、松雀鹰、灰背隼等珍贵鸟类也在长城沿线地区有分布。近年来，随着生态保护更加得到重视，每年长城上空都会有豆雁、鸿雁、斑嘴鸭、赤麻鸭、针尾鸭、琵嘴鸭等雁鸭类进行候鸟迁徙，数量众多，十分壮观。在新疆尉犁县克亚克库都克烽燧遗址附近，每年也有成群的白鹭、鸬鹚、天鹅迁徙经过。

长城沿线还有众多的两栖爬行类动物。两栖爬行类动物为变温动物，长城经过的山地较多，地势条件复杂，沿线广泛分布着一些地域各具代表性的动物种类，例如出现在辽东长城地区的中华大蟾蜍、辽东小鲵、林蛙等，陕西北部长城沿线的大鲵、虎纹蛙等珍贵动物。其中，中华大鲵是最大的有尾两栖动物。

总的来看，长城并不会影响动物的正常生存和迁徙。动物与长城，从有长城之日起，经过漫长的千年时光，两者早已共生共存、紧密关联。长城的多样建筑形成的遗存，甚至已经成为野生动物的筑巢的地方，长城对它们而言，可能是家园、觅食的场所，或者是公母之间社交求偶的场所。一些沿线动物，也成为长城沿线的特殊景观，有的甚至改变了长城的形象景观。例如西部的黄羊、野驴经常到夯土长城进行啃噬，造成当地长城上有鱼鳞状的纹理，形成了独特的景观。另一方面，长城沿线经过众多的自然保护区和国家生态公园，它们都将长城纳入进来，成为进行生态修复保护的重要地段。

目前，在一些地区有关长城国家文化公园建设规划中，都特别明确地提出生态保护，不得进行对规划区内的野生动植物资源有损害的活动，国家文化公园兼有文化建设、文物保护、生态保护等多重价值意义，是长城文化建设与生态、生活共融发展的典范区。人与动物的和谐并存是建设“美丽中国”的应有之义，生态保护和动物保护是长城国家文化公园建设的有机组成部分，是当代中国社会进步的缩影。

79

野长城如何保护?

长城全线长度大、建筑设施种类多，所处的自然地理环境复杂，对长城的保护是一项浩大且困难的工程。除了一些依靠自然天险作为天然墙体的段落外，存在长城墙体、壕堑、单体建筑、关堡和相关设施等长城资源遗存 43721 处。在千年的时光中，受到风雨侵蚀、人为破坏，甚至是动物破坏，长城建筑遗迹的保存状况不容乐观，像我们熟悉的雄伟的八达岭、山海关、喜峰口等保存相对完好的长城大概只占全国长城总长度的约 10%，还有一些长城由于长期缺乏维护，已经消失或接近消失。在联合国教科文组织世界文化遗址名单上世界 10 处最危险的历史遗迹中，万里长城赫然榜上有名。

历经千百年来的自然侵蚀和社会变化，长城建筑遗迹保存现状大致分为 5 种状态：最好的是墙体设施保存完好的比例为一半以上，墙基、墙体大部分留存的，这是保存现状较好的长城点段；其次，属于保存现状一般的长城点段，墙体设施留存比例为一半以下，墙基、墙体留存比例在一半左右的；然后就是保存现状较差的，墙体设施无存，墙基、墙体还留有少部分的；还有墙基、主体仅留下地面痕迹，墙体遗址濒临消失的，这属于保存现状差的长城点段，遗憾的是，这种情况占据长城保护现状的绝大部分；最差的现状为已消失，根本看不到原有墙体、壕堑、界壕和单体，这样的情况总数占比也很大。

这些保存情况为一般的或者较差的，长期暴露于野外的环境中，缺乏有效关注和保护的长城，就是我们所说的“野长城”。绝大多数野长城的生存境况则更加糟糕，有的只剩下一条浅浅隆起的土埂或者弯弯曲曲的石头墩。对野长城的保护，存在以下几方面难处。

一方面是缺钱。2006年国务院颁布实施《长城保护条例》(以下简称《条例》)。《条例》颁布实施后，中央财政在2005至2017年拨付文物保护专项资金超过23亿元，每年投入长城保护的专项费用大概在1.8亿元左右。2019年，文化和旅游部、国家文物局发布了《长城保护总体规划》条例，明确了属地管理制度，鼓励各地区加强对辖区内长城的保护工作。但许多地方政府的财力有限，难以拨付充足资金。近年来，政府积极鼓励人民群众、社会团体参与长城保护，依托中国文物保护基金会等公益组织，吸引社会资金进入长城保护修缮中，但毕竟相较庞大的长城遗迹这些投入还是杯水车薪。

一方面是缺人。《条例》颁布实施后，长城所在地县级以上地方人民政府文物主管部门主要承担了本行政区域内长城保护实施工作，但这些保护力量并不均衡，特别是内蒙古、陕西、甘肃、青海、宁夏、新疆等中西部经济相对欠发达的地区和边远地区存在保护队伍匮乏的问题尚未得到根本性解决，长城保护队伍能力建设仍然迫在眉睫。

一方面是不均衡。长城保护工作以现有长城墙体遗产的修缮维护为主，大多数是对保护较好和一般的长城点段进行保护维护，但对已经破损严重的长城并不能起到任何实质性作用，还有在加强保护宣传力度、改善长城周边生态环境等方面投入了一些资金，但是相较墙体等保护，还是有失均衡。

长城的坍颓，难免受限于自然的侵蚀，对野长城的保护应当更加受到重视，实行“抢救式”保护，对其进行最大限度地加固，减缓其坍圮的速度，但对其修复应更加慎重，应着重于“修旧如旧”，尽量在维持原貌的基础上进行加固与补坍，以保留长城原生态的历史沧桑感和厚重感。

◎ 延伸阅读

什么是野长城?

野长城，是指没有被修葺过或者人为开发过的长城。目前来讲，由于资金、保护力度、保护人员等因素的限制，大部分长城被风雨腐蚀和人为破坏。中国最有名的野长城是箭扣长城，由于地势险峻，箭扣长城一度有许多地方失修。目前已有诸多修缮计划。但野长城在许多人看来，具有残破、朴拙，荒凉不事雕琢的自然美感，认为应尽量保留其自然风貌。

80

长城守护者队伍和工作是什么?

长城的保护管理，是实践性很强的系统性工作，仅仅依靠文物保护部门是力量不足的，必须依靠提高全社会的长城保护意识。近年来，一些社会力量参与到长城保护的大工程中来，比如中国文物学会、中国长城学会、中国文物保护基金会，包括一些企业、民间自发的力量，体现了长城保护的全社会参与的有利趋势。除了机构以外，也有效引导一大批社会公众参与进来，成为光荣的“长城守护者”。

这些“长城守护者”的主体是长城保护员。长城保护员制度从 2003 年起在河北省秦皇岛市的长城段试点，2006 年《长城保护条例》正式以法律条文形式确认了该项制度。

据统计，当前长城沿线 15 个省（区、市）中绝大部分长城段落实现了长城保护员全覆盖。各省（区、市）还逐级签订了长城保护协议，明确各级政府、有关部门的长城保护责任，明确责任人，逐步推进给每一个长城确定的“身份证”，有明确的保护管理责任人负责长城的日常巡查、保护和保养工作。截至目前，在册的长城保护员数量超过3000人，基本覆盖了偏远地区的长城点段。这些长城保护员的构成丰富，大部分是临近长城的当地村民，和少量在职工作人员以及社会志愿者。他们的工作主要包括：长城重点点段全天巡查、一般点段定期巡查以及对出现险情的长城点段进行快速处置，还有就是对未开放长城进行科学管控。

但长城遗存分布范围极广，而与之对应的是基层文物保护力量的不均衡，长城保护员队伍也存在一些实际的困难。一是，人员配备不足，例如北京市，520余千米的长城已有长城保护员500人，将近1千米就有1个保护员专员负责。但其他地区普遍人均管辖长城的范围约为6—8千米，较北京的工作量增加数倍。此外，还有不少文物资源丰富地处边远贫困市县的文物工作人员数量在5人以下。二是，日常巡查的基础条件不足，开展科学保护和执法督察等工作比较困难。部分长城保护员巡查没有任何专业设备，仅能靠双脚徒步巡查修筑在偏远高山地区的长城，人身安全的保障不足。三是，长城保护员的补助有限，各省（区、市）财力情况有所不同，有的地区从政府财政支出列支，比较稳定，有少量省（区、市）未落实补助费用。四是，保护员队伍结构问题。队伍中还有一些不了解长城、对长城保护的法律不知晓的或工作程序不熟悉的保护员，而且保护员队伍普遍存在年龄老化等问题。

从明确长城保护员制度以来，一批批长城保护员依靠较强的责任心，每日在荒山野岭之中巡视看护长城，保护长城散落构件，劝导游客文明旅游，进行长城教育和保护知识普及，建立了相对严密的长城遗产保护网络，长城保护员是长城真正的守护者，已成为长城文保体系中不可或缺的力量。

81

颜色如何成为长城国家文化公园景观构造的重要因素?

在人们的印象中，长城总是一副灰白色、青灰色的身躯，在崇山峻岭之间穿行，实际上，长城的颜色并不单调。长城建设范围包括战国、秦、汉、明长城，以及北魏、北齐、隋、唐、五代、宋、西夏、辽、金时期具备长城特征的防御工事，涉及15个省（区、市），属于大尺度的线性地带。在这些广阔的长城地带上，形成的长城遗迹在物理构造、建筑技艺和材料使用方面千差万别，呈现出的空间形态必然是多样的。不同段落的长城呈现出多彩多姿的容颜，这也是长城国家文化公园文旅融合、景观开发的重要资源。在各地的长城国家文化公园的规划建设中，就有很多突出不同颜色长城的内容，新闻媒体的报道中甚至出现了“蓝色长城”“红色长城”特色称谓，颜色成为国家文化公园建设的重要景观特征。

一、蓝色长城

蓝色长城主要是以海洋景观为特色的长城点段。据统计，明清时期沿海地区修筑了一些长城，沿海岸线筑卫所城、烟墩、海防炮台、边堡等设施，形成城垣、堡、寨、墩、烽堠和障碍物相结合的长城军事工程设施。这些长城建筑，或筑于海滨，或筑于江河海口，形成独特的海上长城景观。比较有名的有，河北秦皇岛的“老龙头”，是入海的石砌长城，形状如龙头探入大海，弄涛舞浪，因而得名。“老龙头”坐落于山海关城南，近渤海之滨，是明长城的东部的入海处，向东接绥中县郊的水上长城九门口。长城辽西段正在重点推进的兴城海防长城，也属于海上长城。“一座宁远城，半部明清史。”辽宁省葫芦岛市兴城市，明代时称“宁远古城”，是有近 600 年完整明代古城建筑风貌的海滨城市，在明长城的防御体系中，兴城长城集卫城、所城、堡城、驿城、烽台、海防、海岛、屯田、屯粮于一体。这些海上长城拥有依山傍海的优越地理位置，水天相接，碧波千顷，不愧是海上的蓝色长城。

图 4-3 老龙头入海处（作者 摄）

二、红色长城

红色长城，历史上就有所记载。崔豹在《古今注》中提及秦汉长城的土色皆紫，所以被称为“紫塞”。这可能是与秦汉长城在当时选址上，使用了当地富含紫色砂岩和页岩风化物较多的泥土有关，所以呈现出紫红的色泽。从现时留存的长城遗迹来看，广灵县宜兴段北齐长城可以称得上是红色长城。这段长城位于山西省大同市广灵县宜兴乡宜兴庄村红沙坡山顶，属于内边长城。长城整体依山而建，石基、土筑墙体，原北齐石墙长城坍塌后，明代在其基础之上重新夯筑。现存的长城墙体采用当地典型的粉质红壤，因为含云母、氧化物较多，所以呈现出鲜艳的氧化红色。

图 4-4 山西省大同市广灵县宜兴段长城

长城国家文化公园建设充分以长城文物和文化资源为基础，公园景观依托长城点段所在地的特定的自然和

图 4-5　长城资源分布图（山西省文化和旅游厅绘制）

人文景观，包括自然物质环境、风土人情、气候因素等。蓝色长城、红色长城和遗迹最广大的灰色长城，都是“美丽长城”的重要构成部分，这些自然风貌差异较大的长城建筑形态，将成为国家文化公园建设的多样性的地域风景。

82

长城国家文化公园规划建设中的绿色生态长城有何特色？

在长城国家文化公园规划建设中，特别提到“文化、旅游、生态、生活”的融合发展，“生态”作为其中的一个关键词，值得特别加以关注。

必须认识到长城生态与长城遗迹是一个不可分割的整体。国家文化公园规划建设对长城的保护开发不仅是针对长城城垣、壕堑、敌台、关堡等相关设施的文物本体，其他与长城直接关联的景观风貌和生态环境也是长城文化景观的构成要素，不可加以分割。

必须认识到长城生态保护刻不容缓。长城的分布范围覆盖地域广，一方面地貌条件复杂，有平原、丘壑、盆地、山地、高原等，气候条件复杂，受到温带季风气候和温带大陆性气候影响。很多点段在“胡焕庸线”以南，周遭人口密度大，沿线地区容易受到人类活动影响。在长期旅游资源开发过程中也积累了一定的生态环境问题，近年来愈加呈现出高发的态势，影响着长城保存环境，破坏着长城整体景观和文物本体安全。

必须认识到国家文化公园建设应体现协调性。建设长城国家文化公园，应推动长城文化、生态、景观和健康生活融合协调、一体推进。应满足长城点段周边生态环境、景观风貌保护的完整性、协调性要求，综合保护与长城相关的城乡区位、地形地貌，保护长城周边的生产生活方式、民族习俗传统，让其共同构成独特而壮美的文化景观。

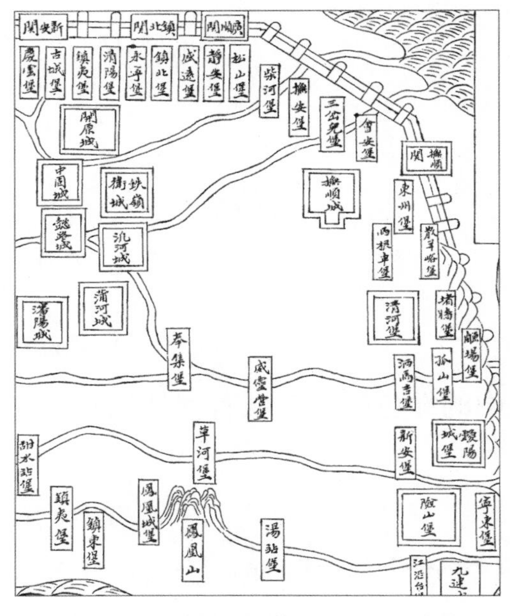

图 4-6 明辽东长城（《全辽总图》局部）

在国家文化公园的建设实践当中，已经有一批长城点段打出了“绿色生态长城”的特殊定位，构建起生态保护和景观遗产协调开发的综合模式。以小虹螺山绿色生态长城为例，它位于辽宁省葫芦岛市。葫芦岛市分布的重点点段有明蓟镇长城和明辽东镇长城。小虹螺山段长城是辽东镇长城的一部分，它从连山区塔山乡大四台村西边山直上小虹螺山，向东到南票区虹螺岘镇团山子村小毛家沟南侧，后下山与植股山长城相接。小红螺山长城全长 10727 米，大部分为山石砌长城，小段是夯土墙。小虹螺山长城人工墙体和峭壁危岩的山险各占一半，体现了“因地形，用险制塞”的修筑原则。同八达岭长城等典型的高大连续的青砖包砌城墙不同，小虹螺山长城与其所在的小红螺山山势融合，视觉上时断时续，墙在山间，山作墙体，长城在山巅时续时断、时隐时现，与周遭自然环境融合衔接。葫芦岛市在长城国家文化公园辽东段的打造中，以小虹螺山段长城为主体，以长城遗址的保护为主题，在原有山、城融合的景观基础上，充分挖掘所在地的自然与人文旅游资源景观内涵，把小虹螺山建成国内独具特色的长城——世界遗产地生态旅游区，打造出“绿色生态长城”的特色景观。

83

长城国家文化公园规划建设中的“管控保护区”有何内涵?

《长城国家文化公园建设保护规划》的提出，要整合长城沿线 15 个省（区、市）文物和文化资源，按照“核心点段支撑、线性廊道牵引、区域连片整合、形象整体展示”的原则构建总体空间格局，重点建设“管控保护、主题展示、文旅融合、传统利用”4 类主体功能区，实施长城文物和文化资源保护传承、长城精神文化研究发掘、环境配套完善提升、文化和旅游深度融合、数字再现工程。

在长城国家文化公园的四大主体功能区中，“管控保护区”排在首位，如何理解“管控保护”？管控保护，首先意味着对一定区域的划定，表示长城国家文化公园有一定的边界，规划有更加明确的空间范畴。例如，北京段的长城国家文化公园规划范围，与北京市的长城文化带划定范围一致，在综合考虑长城保护区划界线、乡镇行政边界、自然及人文资源禀赋，以及浅山区、生态保护区等相关规划的各类边界基础上，协调衔接划设了公园规划范围，涉及平谷、密云、怀柔、延庆、昌平、门头沟6个区，贯穿北京市北部的生态涵养区，约占北京市域面积的30%。这些区域范围的边界，有助于长城国家文化公园集中力量加强建设。

管控保护，其次意味着长城国家文化公园建设坚持保护第一、传承优先的原则。

文化公园建设的基础是稳定的长城文物遗迹，如果因为开发建设而对长城文物本体造成损坏，这项建设是不可持续的。所以，长城国家文化公园建设首要的是要强化文物保护法和相关法规地实施，这是后续景观开发工作的基础。任何开发利用都应以文物保护和文物安全为前提。

其实，我们早有生态封控保护区的概念，就是对具有特殊重要生态功能的，或者本身生态比较敏感脆弱的区域，需要从陆域生态保护红线、海洋生态保护红线出发，对集中划定的陆地和海洋自然区域进行强制严格保护。和生态保护区的概念有所不同，长城国家文化公园的管控保护区，管控保护的对象更加多元，也更具文化意涵。封控保护的范围既包含文物保护单位的保护范围，也包含世界文化遗产区，以及新发现发掘文物遗存的临时保护区，涵盖世界文化遗产、各级文物保护单位、非物质文化遗产、历史文化街区、历史文化名镇名村、传统村落、历史建筑等多类型和不同保护级别的对象。在这片文化遗产保护区域的范围内，不仅对文物本体及环境进行严格地保护和管控，更包含对濒危文物以及濒临失传的传统文化、非遗技艺等实施必要的管理和保护。

如何进行有效的“管控保护”？首先要进一步细化规划范围，梳理丰富的文化和生态资源，明确濒危程度，划设一定范围的管控保护区。其次，在管控保护区内，需要加强对长城资源、长城相关文化资源以及自然资源的保护、管理、监测、研究。此外，在景观开发建设中，应当注重加强开发前的科学研判和决策，对前期调研、论证、规划和评估进行科学管理。总之，只有坚持好“保护为主、抢救第一、合理利用、加强管理”的文物工作方针，立足长城文化文物及生态资源，才能全面展示长城的文化生态价值。

84

长城国家文化公园如何推进步道系统建设？

国家文化公园既是文化空间，也是旅游空间，是满足人民美好生活向往和精神需要的公共空间。国家文化公园建设需要提供给大众一个更加亲近长城本体、接触长城文化的特殊通道，融交通、文化、体验、旅游于一体，推进修建长城国家文化公园步道系统是一个可行的选择。步道（trail），是指选择风景优美、历史文化气息浓厚的区域，建设亲近自然的步行通道，为游憩者提供回归自然的步行健身和锻炼路线。

修建长城国家文化公园步道系统有其必要性。长城现有遗存总长 2 万多千米，但整体保存、保护、开发、利用状况不容乐观，重点文保单位和重要点段占比较低，绝大多数地区的长城现状是处在毁损或接近消失的边缘。全国以长城资源为依托对公众开放参观的游览区 90 余处，但以长城展示为核心的专门景区不足一半，绝大多数长城遗存仍处于未开发、未开放状态，而且现有开放的参观游览区不能近距离接触，不足以比较全面地呈现长城线性文化遗产特征。

修建长城国家文化公园步道系统有其合理性。在“保护第一”的长城文化遗产保护基础上，开放一条让公众可以近距离感受体会长城雄姿的通道，有助于发挥遗产保护和长城文化传播的社会效能，有助于带动社会公众身临其境，感受体会长城的修筑历史和古代先民的智慧，更能从中感悟中华民族多元融合的文化特质，体悟到自强不息的精神价值，增强文化自信自强，为社会主义现代化和民族伟大复兴贡献精神支撑力量。

修建长城国家文化公园步道系统有其可行性。国外很早就有步道的设计和实践，有的有 50 千米以上，最长的有数千千米。美国、法国、英国等国家的步道以及城市绿道系统体系建设的历史较长，经验比较丰富，可为长城国家文化公园建设提供参考。例如英国的哈德良长城步道是热衷古罗马文化的徒步者最爱的路线之一，全长约 135 千米，走完全程预计需要 7 天时间，沿途有丰富的长城文物遗产。2012 年，北京打造了门头沟区国家步道系统，以京西古道群为主体，打造总长 270 千米的国家步道。2017 年，国家林业和草原局开始陆续公布了秦岭、太行山、大兴安岭、武陵山等 3 批 12 条国家森林步道名单，有初步建设的经验。

修建长城国家文化公园步道系统需要加快规划设计。自长城国家文化公园开始规划建设以来，各地已经开展了一定的时间，但在创新展示形式，突破传统文博旅游的思路上还需进一步突破。长城国家文化公园步道建设应以国内外步道建设经验为基础，聚焦文化属性，注重文化内涵发掘。步道基本沿长城而行，依靠步道将各个地区的长城连接起来，避开需要封控保护的濒危长城点段。在步道路径的途中，针对重点的主体展示区域可以设置若干观景台，满足多元审美角度的要求。步道建造以经济、便捷、安全、可接触为主，为公众提供徒步漫游长城的机会。既让公众近距离亲近长城，保存长城之美，又促进全民健身和户外徒步运动发展，振兴各地的旅游经济。

85

长城国家文化公园建设如何打造“人与自然融合互动”的文化景观?

长城作为历史上的军事防御工程体系，集中反映了我国古人因地制宜、尊重自然、利用自然、改造自然的规划思想，长城国家文化公园建设应当抓住“尊重自然、利用自然、改造自然”的理念，承载人与自然融合互动的文化景观价值，推动长城文化遗产保护、文化景观打造、自然生态存续、精神文化传承四位一体发展。

第一，推动长城文化遗产保护。长城国家文化公园建设强调文物和文化的属性，长城作为历史文物古迹，维护了中原地区的长期稳定、安宁与和平，保障了沿线地区交通运输与通关贸易，促进了沿线农业开发与经济发展，在历史上发挥了不可替代的重要安全保障功能。长城的重要历史文化文物价值，应当作为长城国家文化公园文化景观的基础和核心。

第二，推动文化景观打造。长城历经 2000 多年的建设和使用，是我国规模最大的线性文化景观遗产之一。长城文物遗迹与沿线地区广袤的山岭、草原、森林、戈壁、沙漠、农田、绿洲等地貌融合，形成丰富的、雄浑的、壮阔的独特景观。长城文化景观打造应当充分关注长城人造奇迹和沿线自然景观的结合，将人的要素和自然要素突出提炼出来，表现人们尊重自然、改造自然、利用自然、与自然和谐共生的理念。

第三，推动自然生态存续。长城沿线的地理形貌复杂，但正是这些复杂的生态与长城本体遗迹相互关联，呈现为你中有我、我中有你的人文与自然生态景观。长城无法脱离原生的自然生态而独立存在，长城沿线的自然景观也不能离开长城的古老遗迹。因此，应该针对长城形制和外部自然环境的不同特点，分地域、分类型进行保护，对生态脆弱地区进行封控保护，对生态比较稳定健康的地带推动进一步合理开发。

第四，推动精神文化传承。长城与沿线地区的联系，除了生态自然地相融，也有文化流脉上地相交。长城沿线有丰富多元的地域文化，各具特色、底蕴深厚，而且在长期的历史交往过程中相互融合发展，共同推动了我国古代历史上农耕、游牧两种生产生活方式之间，不同文化习惯和传统的互相理解和尊重。长城具有多元文明、文化之间的交流与融合的文化特征，应当通过打造国家文化公园进行集中体现，彰显精神文化传承，体现中国人精神文脉的源远流长和生生不息。

总之，在长城国家文化公园集中规划建设的过程中，应当加快推动长城文化遗产保护，着力进行文化景观打造，保障自然生态存续，推动精神文化传承，将长城打造为集文物、文化、自然和精神资源于一体的复合型公共空间。唯其如此，长城所承载的人与自然融合互动的文化景观价值，才能充分地得以展示，才可能在给民众带来美好自然的旅游体验的同时，彰显出长城代表的民族精神价值，也才能推动长城这一古代军事防御体系建筑遗产在今天重新焕活、熠熠生辉。

第五篇 时代精神

86

“爱我中华、修我长城”提出有何背景？

在今天，爱护长城、保护长城，已经成为全社会的共识。尤其随着长城保护相关政策与措施相对完善，长城文物保护教育的普及，社会公众都自觉参与长城保护，保护意识和保护理念得到显著提升。

但在历史上，由于社会发展和教育认知水平不够，长城的保护是一项困难的工程，有时也得不到广泛的社会支持。清朝时期，已经陆续有长城坍圮的情况，但当时朝廷和民众并不关心。民国时期，围绕是否应该拆毁长城有很多讨论，甚至拆毁长城成为当时追求社会进步、文明开化的行为，得到了很多开明绅士的支持。新中国成立后，长城作为文化遗产得到了保护，但保护工作在特殊时期也受到一定的冲击，很多长城遗迹遭到人为的破坏，情况触目惊心。即使到 1980 年，一些拆毁长城的情况还屡见报端，一些长城沿线的村庄将长城砖石材料撬下转修猪圈民房，甚至盗卖的现象也时有发生。北京、河北、宁夏等地曾开展长城损毁情况调查，呼吁保护长城，并宣布将从法律和经济层面对破坏者予以制裁，但效果并不明显，加强长城保护已经到了刻不容缓的时候。

1984 年 7 月，《北京晚报》《北京日报》《北京日报（郊区版）》三家北京市的新闻媒体联合八达岭特区办事处和《经济日报》《工人日报》等，共同发出倡议，发起了“爱我中华，修我长城”的社会赞助活动，这一活动地推进很快得到国家层面的重视，邓小平、习仲勋等中央领导同志纷纷以题词等形式表达关注和支持。民间和国际的个人和组织纷纷以捐助的形式参与“爱我中华，修我长城”行动，倡议方《北京日报》评价这场行动“成果喜人、鼓舞人心”。“爱我中华，修我长城”的活动原定持续到 1984 年年底，而在政府、民间的共同支持下这一活动被长期延续，在 20 世纪 80 到 90 年代不断追加，成为支持长城修复工程的重要来源。

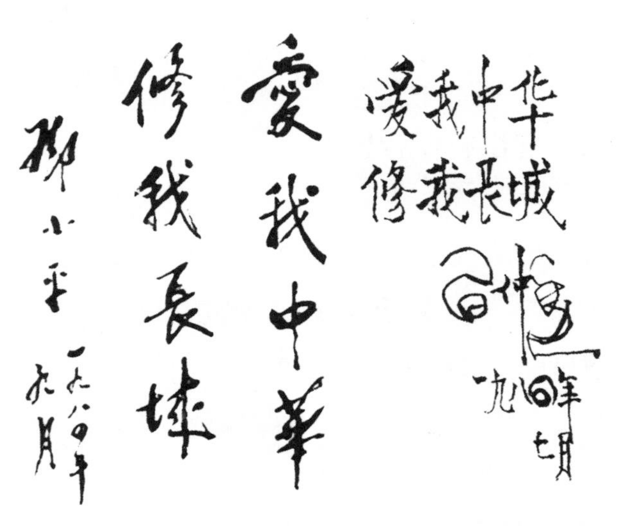

图 5-1　邓小平、习仲勋同志题词“爱我中华，修我长城”

“爱我中华，修我长城”的提出，是基于几个基本的现实需要：第一，长城失修颓圮需要得到全面保护。第二，长城是世界公认的中华民族的象征，需要保护好留给子孙和世界。第三，对全国人民开展深刻的爱国主义教育的需要。作为首都主流的新闻舆论平台，《北京晚报》等媒体注意到，可以将长城资源通过保护开

北京晚報
BEIJING WANBAO
1984年7月5日
北京晚报、八达岭特区办事处等联合举办
“爱我中华 修我长城”社会赞助活动
巨龙在问我们……

图 5-2 《北京晚报》头版头条介绍“爱我中华 修我长城”社会赞助活动（1984 年 7 月 5 日）

发，实现对社会公众的教育引导作用，修好古老的长城，也是在修国家和民族的精神丰碑，有助于召唤社会的国家意识和民族文化自信自强的观念，这或许是当时这一史无前例、规模盛大的社会赞助活动，获得中央领导人物首肯，广泛推向社会的深层原因。

在“爱我中华，修我长城”精神的号召下，20 世纪 80 年代迎来了长城保护的一个高潮。如今，随着人们对文化遗产保护的日益重视，特别是国家文化公园这一国家文化战略的实行，长城保护正在掀起一个空前的热潮。

87

如何有效突破行政区划对长城进行全面保护和整体建设？

跨行政区划推进长城国家文化公园建设是现实要求。长城、黄河、大

运河、长征国家文化公园都属于巨大的线性文化遗产，并不集中在一个区域中。如长城跨越15个省（区、市），大运河跨越8个省（区、市），长征跨越14个省（区、市），黄河流经9个省（区、市），不同行政区划因地理枢纽联结，形成了广阔的长城地带、运河流域、长征沿线地区、黄河流域等特定地理空间范围和文化辐射范围。因此，为开发好、利用好、展示好线性文化遗产，展现好相应的文化主题形象，国家文化公园建设必定是一项跨省域、跨部门的重大工程。而且从实际情况看，对长城、黄河、大运河、长征的保护管理涉及各地的规划、土地、建设、文旅、交通等众多部门，有的遗迹点段处在部分省、市、县的行政边界上，需要统筹加以管理。

跨行政区划推进长城国家文化公园建设是政策导向。2019年，中办、国办联合印发《长城、大运河、长征国家文化公园建设方案》，明确对国家文化公园建设管理的顶层设计。方案要求科学界定国家文化公园内涵，建立统一事权、分级管理体制。我国的国家文化公园建设正处于规划和建设的起步期，必须要打破部门和地域限制、避免政出多头。目前，国家文化公园推进尚缺总体性的专门管理部门，国家发展改革委员会、中宣部、文化和旅游部等都承担了一定的职责职能，因此，有必要尽快建立有效的跨区域协同管理机制。

跨行政区划推进长城国家文化公园建设是国家意志。作为“国家文化公园”，其规划建设中有鲜明的国家属性。首先，国家文化公园要规划和呈现的是长城、黄河等文化，这些是我们国家的文化主脉，是国家文化的“门楣框架”，必须从国家层面推进相关工作。其次，国家文化公园作为重大的文化战略，涉及跨行政地域的规划建设和管理，是在强大国家意志和行政力量支撑下进行的对重大文化空间的重新规划设计。通过国家意志，打破过去文化管理上的行政惯性、地域固性，重新赋予文化内部的“流动性”，从而建构强而有力的“国家性”。

当然，跨行政区划推进长城国家文化公园建设也面临重重挑战。长城国家文化公园建设工程浩大，打破行政管理区划，统筹推进建设不易。长城沿线各地经济发展水平不一，长城资源分布、保护力量和开发广度等不一。如何依据跨区域文化合作的特点，明确国家文化公园建设空间边界？如何在调动各地行政资源和积极性的同时，提升长城的整体统一形象？如何在做好文物遗产保护的同时，推进文化主体构建，彰显出国家文化公园的国家属性、文化属性和传承性质？这些问题亟须在实践中得到解答。

什么是“长城学”？它有何任务和重要成果？

长城涉及的内容面十分广泛，涉及文物、军事、建筑、经济、美学等多面向、多学科。但过往相关的长城研究，多主要被归在文物考古学之中，缺乏一个整体学科体系对其进行整体研究。

推动“长城学”作为一门专门学科成立，有学术知识生产的基本条件，就是一大批专门的学术团体和长城学研究成果开始呈体系化、规模化出现。1984 年 9 月，中国山海关长城研究会在河北省山海关成立，这是第一个研究中国长城的民间学术团体；1986 年 9 月，在甘肃省嘉峪关成立了中国嘉峪关长城研究会；1987 年 6 月，中国长城学会在习仲勋、黄华等同志的发起下在北京成立。中国长城学会成立以来，陆续召开具有首次性质的"山海关首届中国长城学术研讨会""中国长城学会长城工作研讨班""首届中国长城区域经济及资源开发研讨会""嘉峪关首届中国长城学术研讨会""北京中国长城学术研讨会"等学术活动，出版《中国长城学会通讯》和会刊《长城学刊》，成为汇集长城相关研究成果、长城研究学者交流心得的重要平台，中国长城学会因此逐渐发展成为长城学研究的源域和高地之一。

20 世纪 90 年代，以中国长城学会的罗哲文为代表的学者关注到长城研究分散，缺乏系统性研究、整体性研究的问题，提出从构建"长城学"层面对长城研究进行高度综合和跨学科总汇。这一倡议首先来自罗哲文和董耀会两位学者在《文物春秋》1990 年第 1 期上的文章《关于长城学的几个基本理论问题》，文中首次正式提出建立和完善"长城学"的问题。1991 年，罗哲文延续对建立"长城学"的探讨，在《长城学刊》创刊号上又发表了《谈谈长城学》，鲜明地提出"长城学"的学科概念："'长城学'是从总体上去研究长城的一门学问，就其本质而言，是一门认识论的学科，是对长城进行综合研究的学科。"董耀会也发表了《长城学的概念特征及分类》，进一步对其进行学科阐释。上述 3 篇论文较系统地回答了"长城学"的学科定义、学科性质、研究对象、基本理论、研究方法等一系列关键问题，初步建立起"长城学"的学科框架。

"长城学"区别于以往从考古学出发的长城研究，主张将长城视作一个整体，让大众从广义和总体两方面来认识长城，开展科学的、多元视野的综合研究。研究范围包括：对长城的基本调查，对长城史料的整理编纂，军事科学、经济史、历史地理学、民族学、旅游资源开发及保护修缮等方面。近年来，长城学又进一境，呈现出大体量、大格局、大气象，出现了如《中国长城史》（2006）、《中国长城志》（2016）等多部以史志命名的皇皇巨帙，对中国长城发展历史进行了系统阐述，是对长城整体研究的重要成果。长城学的研究范式地构建，有助于突破传统的历史学和文化学的藩篱，把既古又新、内涵丰富的“长城”，不断地推向未来，推向世界。

89

中国长城如何成为世界瞩目的文明标志?

美国学者阿瑟·沃尔德隆的《长城：从历史到神话》一书，被誉为“改变西方对中国基本构想”的思想著作之一，书中曾指出“无论人们以肯定还是否定的目光看待长城，它的神话魅力都不会消减。……长城似乎肯定会保持其具有多重价值的‘中国性’形象定位。”长城是世界知名的文化遗产和世界奇迹，长城也是中国文明的象征，许多外国人一提起中国，一提到代表中国的文化符号，首先想到的就是万里长城。长城的这种世界性和对中国文明的代表性是如何建立的?

长城在世界（主要是西方）的接触、传播，早在公元 4 世纪就开始了，当时一份罗马帝国的历史文献，就记载了赛里斯国有一座“用高墙筑成的围城”。据信，这座围城指的就是长城；而赛里斯国，根据文献里的描述，是一个文明开化的民族，能生产丝绸等奢侈品，人很长寿、善于制箭射箭，应该就是指中国。所以，早在 1000 多年前，处在欧洲大陆的罗马人就认识了长城，并将其和中国联系在一起。

长城与中国的联系在度过中世纪后，在一些西方汉学家或汉学史研究中更加紧密地得到论述。例如门多萨的《中华大帝国史》、利玛窦的《利玛窦中国札记》等著作都对长城进行了专门介绍。他们的著作在欧洲引起轰动，仅在16世纪余下的区区10多年间，就先后被译成拉丁文、意大利文、英文、法文、德文、葡萄牙文等，在当时引发了声势浩大的“中国热”。

进入17世纪中叶，随着荷兰等国的使团与传教士密集访华，他们纷纷宣称自己实地到过长城并赞叹它的雄壮。例如，1658年的比利时神父南怀仁称：“世界七大奇迹加在一起也比不上中国的长城；欧洲所有出版物中关于长城的描述，都不足以形容我所见到的长城的壮观。”他说的“世界七大奇迹”是指埃及胡夫金字塔、巴比伦空中花园、阿尔忒弥斯神庙、奥林匹亚宙斯巨像、摩索拉斯陵墓、罗德岛太阳神巨像、亚历山大灯塔，这是古代已知世界上的7处宏伟的人造景观。最早提出世界七大奇迹的说法的是公元前3世纪的旅行家安提帕特，而在当时，中国的万里长城尚未建立，故未在七大奇迹之列。但在西方人的论述中，长城远比所有的七大奇迹都伟大，堪称“世界奇迹外的奇迹”。

图 5-3　威廉·埃德加·盖洛英文原版《中国长城》封面

图 5-4　威廉·埃德加·盖洛英文原版《中国长城》书影

直到20世纪初，尽管中国积贫积弱，陷入屈辱的被瓜分的悲惨境遇中。但有关长城的奇迹论述并没有中止，而是仍然不断重复回响。美国著名旅行家威廉·埃德加·盖洛在1909年出版的《中国长城》一书中写道“世界有一座中国的长城。……我们来到了大段的长城上，它修缮完好，完整无缺，堪与古希腊的建筑相媲美，其位置、高度和宏伟，才是适合于奥林匹斯山天神们居住的地方。”长城这座人工力量建造起来的伟大奇迹，赢得了美国人的称赞，甚至认为长城工程远胜美国全部的铁路、运河，以及几乎所有城市的建筑。而甚至到 20 世纪 80 年代，长城在西方绘制的涵盖中国的世界地图中都是唯一的建筑物，是与东方文明相连的重要标志符号。

当然，世界不仅仅只有西方的声音，但西方的论述的确推动长城受到世界的瞩目，也参与和影响了中国本土的叙述。长城是中国的骄傲和奇迹，是中华文明的象征，这一关联虽然较早被西方提出来，而中国本土早期并不自觉，但在近代民族追求独立解放和新中国成立后，长城的文化价值、精神价值日益得到强调。

90

《时代》杂志封面为何“偏爱”长城?

第二次世界大战后，美国依靠强大的政治、经济、军事实力，改变了世界格局，成为西方世界的核心，同时它也依靠强大的文化和传媒体系，使美国的声音、美国的观点在一定时间的世界范围内处于霸权的地位。在这一过程中，以美国《时代》周刊为代表的美国新闻媒体起到了重要作用，特别是《时代》所开创的“封面故事”极具视觉冲击力和传播效果，集中反映美国对外投射的观点和意识形态。《时代》创刊自 1923 年，在至今

100 年的时间里，《时代》杂志封面图上的中国人物形象和元素符号就成为西方和世界对中国进行认识的重要文本，其中长城符号就得到“偏爱”，曾经多次出现。

图 5-5 《时代杂志》1971 年 4 月刊封面《中国：全新一局》（诺曼・韦伯斯特 摄）

最早的一期长城以主要视觉符号出现在封面上的，是1971年4月的最后一期《时代》杂志。封面故事为 *China: A Whole New Game*（《中国：全新一局》），封面图是在“小球转动大球”的“乒乓外交”中，受邀来华的美国乒乓球队员在长城的合影，预示新的中美关系和世界棋局即将发生改变。在大的中美关系仍未融冰的大背景下，封面做了特殊的处理，美国的乒乓球队员身着鲜艳时尚的西装，而他们背后的长城似乎做了变色处理，呈现出一片铁灰色、古朴的面貌，长城仍然代表古老、神秘而封闭的东方，中国的形象也是一样缺乏色彩，与外界缺乏交流，颜色的对比使其寓意更加凸显。一年之后，尼克松总统在长城上的照片刊登在《时代》2 月刊封面，随着新中国成立后中美相互隔绝的局面终于被打破，美国总统和长城的合影所传递的是长城所代表的曾经封闭、危险的形象正逐渐向西方打开的信号。

这一信号在1979年中美关系正常化后变得更加明显，在1984年的《时代》封面上，以 *China's New Face: What Reagan Will See*（《里根总统将会见到的中国新面孔》）为题，展现了一位站在长城上、手提瓶装可乐、身着军大衣的微笑着的中国青年形象。长城、前进帽、军大衣这些元素是一个时代的象征，而可口可乐则是代表西方文化的符号，这传递出美国对带有一定开放性、多元性的中国形象的解读和期待。《时代》有意通过中国青年手持“可口可乐”的形象设计，呈现出“西方热”在中国的流行，也暗示了一个日渐开放的崭新的中国形象即将出现在世界面前。

图 5-6 《时代杂志》1984 年 4 月刊封面《里根总统将会见到的中国新面孔》（欧文·弗兰肯 摄）

进入 21 世纪后，中国综合国力随着开放融入世界贸易体系得到极大提升，和美国之间的经济规模差距逐渐缩小，这也引发美国对中国的戒备和担心，长城和中国形象也在《时代》封面上变得有侵略性，甚至试图唤醒西方对中国封闭的负面记忆。例如，2007 年 1 月的《时代》封面故事 *China: Dawn of A New Dynasty*（《中国：一个新王朝的破晓》），封面就是一个经过视觉叠层和调色处理的长城图像，血色的长城背后是同样暗红色的天空远景，长城之巅是硕大明亮的五角星，整幅图像极具隐喻，似在暗示中国的危险和侵略性。2012 年 9 月刊封面则用互联网“防火墙”来指代中国的“新长城”，散布着危险、恐怖和封闭的讯号，这无疑是美国的帝国主义意识形态在作祟。

图 5-7 《时代杂志》2007 年 1 月刊封面《中国：一个新王朝的破晓》（霍克斯坦 摄）

《时代》杂志所看到的中国长城，以及透过长城看到的“中国”，经历了一个有趣的视觉转变。它所看到的并不是真实的，但能够真实地折射出美国对中国的看法。长城这个重要的文化符号正持续被安置在西方式现代化和西方式价值的对立面上，作为西方叙事中中国叙事和表意符号得到征用。

91

诺克斯维尔世博会、汉诺威世博会为何选择将长城“搬进”展馆？

博览会是西方创造出来的展会形式，从 1851 年英国维多利亚时代举办“万国工业品博览会”以来，已经成为世界各国展现自身成就和文化形象的重要形式。中国参加博览会的历史几乎和博览会的历史一样长，从 19 世纪五六十年代起，中国就开始参加博览会，但政府并不参与，以外国在中国的商会、洋行选送商品自主参展为主。参展物品主要是中国的丝绸、茶叶、瓷器、漆器等传统特产和手工制品，以及被视作中国“特色”的中国女人缠足小脚、劳力苦工等照片、图片展品，整体与西方的工业化浪潮背道而驰，在整个博览会中显得格格不入。长城符号在博览会上也很频繁地出现。早在 1876 年美国的费城世界博览会上，长城和盘龙、亭榭等符号一起出现在当时中国展馆的建筑设计上，此后长城作为中国展馆装饰几乎成为定例。

新中国成立后，因为以美国为首的西方社会的外交封锁，中国长时期只能参加社会主义阵营等友好国家的博览会，首次恢复参加的世界博览会是 1982 年美国诺克斯维尔世界博览会。中国展馆设计采用了长城的设计元素，用巨幅长城照片陈列在展馆之中，在照片的底下以一小段等比例复制的长城砖进行实体陈列。这一设计得到美国舆论的欢迎，被称赞为“精彩绝伦”，中国展馆是“五星级展馆”，官方指出中国正在利用长城砖和本届世博会的西方观众建立友谊。

但好景不长，在 2000 年德国的汉诺威世博会上，同样以长城为主视觉元素，却并没有获得西方的“青睐”。中国展馆当时有满满的长城视觉元素，比如在展馆的外墙采用“长城四季”的彩色喷绘，在馆内复刻诺克斯维尔世博会的长城砖设计，但却受到媒体批评，认为万里长城的出现，难以让西方接收到“中国将与世界各国平等交往”的信息。国内也有部分批评声音，认为汉诺威世博会遇冷背后，是过于站在历史中去展示中国形象，而未能真正体现中国的当代魅力。

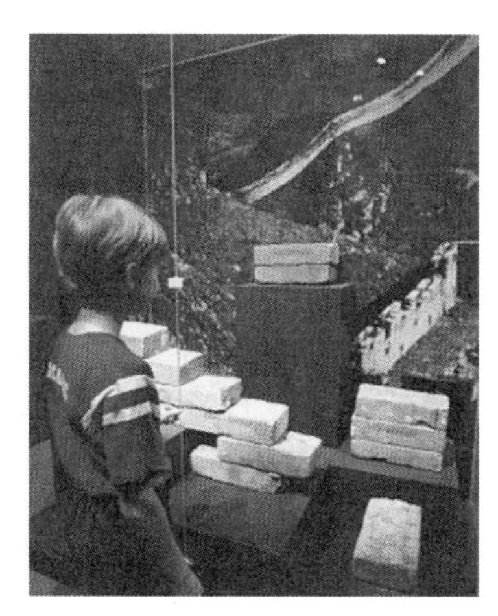

图 5-8　美国诺克斯维尔世界博览会上，一个小男孩正在观看长城砖

其实，西方社会围绕世博会上中国长城符号使用的争议，是西方看待中国的方式和定位出现了改变，中国的崛起被定义为“竞争”“挑战”“威胁”，这显示出中国对外形象塑造工作的困难，面对西方复杂性、矛盾性和意识形态的斗争性，长城在西方的叙述和形象很难做到清晰、稳定、统一。如何在世界格局的变化之中，在中国崛起的时代趋势下，围绕长城文化符号找到立点的平衡，既能保证东西方目光的交汇，同时又实现“东方”与“西方”，“传统”与“现代”的接合，面临着诸多挑战与机遇。

图 5-9　德国汉诺威世博会中国馆外墙使用长城四季喷绘

92

“长城牌”如何展现中国制造新成就？

长城，我们今天普遍将其视作中华民族的精神图腾和民族象征符号。以长城为名，对企业或产品进行命名的不胜枚举，这并不奇怪，在近代历史上，“长城牌”早已经成为一个热门品牌，得到广泛使用。

为什么会出现“长城牌”的热潮？这有其独特的历史背景和时代原因。中国的民族工商业起步较早，但发展规模比较小，鸦片战争之后受到西方商品的倾轧冲击，愈加孱弱，难以与西方抗衡。北洋政府对德日一味求和，终于爆发了 1919 年五四爱国运动，这场由学生最先掀起的运动很快席卷全社会各阶层，成为全民参与、全民动员的群体性运动。英、美、日等洋货受到民众自觉抵制，民族工商阶层受到爱国情绪感染，声援爱国学生，以实际行动号召“不买洋货，不读日本报纸，不登日本广告”，呼吁购买国货以自强的口号。当时就有南洋兄弟烟草公司的长城香烟、上海振艺针织厂创立的长城丝袜，包括“长城牌”热水瓶等轻工业民生物资打出爱国口号，呼吁振兴国货，如“长城牌”香烟在报刊刊出广告“不吸香烟，固然最好，要吸香烟请吸国货‘长城牌’”，得到大众的追捧支持。1925 年，五卅运动爆发后，再次引发抵制日货情绪，“长城牌”油漆、“长城牌”民丹、“长城牌”铅笔、“长城牌”绒线都如雨后春笋般出现。1933 年长城抗战以后，长城成为保家卫国的标志，深深刻在中国人民脑海之中，引发新一波支持民族企业，支持抗日国货的热潮。国货“长城牌”香烟打出“长城一日未收回，同胞能一日安心乎？……”的新口号，从爱国上升到民族救亡图存的高度，呼吁民众购买国货，支持抗日。随着“新的长城”

的形象被创建和广泛传布，长城成为民族救亡图存、向死而生的关键精神符码，越来越多的“长城牌”出现，成为全民抗战、不屈民族精神的一个缩影。

图 5-10 “长城牌”香烟汽车游行宣扬国货（资料来源：1934 年《妇女国货年纪念特刊》）

近代出现的“长城牌”的企业和产品，有几个共同的特点：一是，以长城的地理景观形象作为商标和广告；二是，“长城牌”主要集中在轻工业；三是，希望用长城符号来起到政治宣传和号召的作用；四是，用长城的时间属性来宣传产品的牢固耐用。

新中国成立后，特别是改革开放以来，“长城牌”仍然是被高度青睐的一个名字。但相较于近代的“长城牌”，有了一些新变化：一是，“长城牌”更加多地出现在重要民生和重工业中，而不再只是出现在轻工业中。截至 2023 年 3 月 31 日，国家知识产权局共接受注册了 2298 件与“长城”相关的商标，分布在全国各个省份，远超过长城的分布范围。据统计，“长城牌”集中的行业依次是酒精饮料、高新科技、化学工业、机器、广告营销、教育和娱乐行业。可见，在中国制造的各行各业，特别是高科技、重工业领域，“长城牌”较为集中。二是，对“长城牌”的使用更加强调民族基因和世界眼光的结合。例如，1976 年创办的长城汽车公司，特别强调自身品牌是民族汽车品牌，但需要走向国际化，和长城一样蜚声海外，成为民族品牌的骄傲。因此，长城汽车特别强调全球产研和销售网络布局。三是，“长城牌”更加强调长城的文化和精神内涵，相较于早期对长城景观形象的追求，现在的“长城牌”少有用长城景观符号作为商标品牌的，而是在品牌的文化内涵方面挖掘长城精神内核。面向未来，可以预见到，会有越来越多的“长城牌”，在继承发展长城精神和长城文化的基础上，推动民族企业做大做强，实现高质量发展。

93

北京“双奥”盛会如何使用长城元素？

中国正式加入《保护世界文化与自然遗产公约》后，从 1986 年首次申报，1987 年以长城为代表的 6 处项目就成为我国第一批入选的世界文化遗产。作为中国闻名于世的文化遗产，长城如巨龙蜿蜒于中国北方大地，横亘千载，成为中华民族重要的精神徽识和中华文明的代表性符号。中国形象集中呈现的舞台，包括 2008 年北京夏季奥运会和 2022 年北京冬季奥运会，长城都作为最为重要的文化元素得到运用。

2004 年，北京夏季奥运会的圣火采集仪式在雅典举行。当时，世界媒体广泛报道时，都特别提及一句话，就是这次圣火传递是“从奥林匹亚到万里长城”。奥林匹亚遗址、万里长城遗迹，是西方和东方文明古国留给世界的宝贵遗产。2006 年 6 月 23 日，首座北京奥运会主题口号——“同一个世界　同一个梦想”大型景观在八达岭长城落成。2008 年奥运圣火地传承接续，反映了中国与世界即将通过奥运盛事建立更紧密的联结。

作为展现国家形象、讲述中国故事的重要契机，北京夏季奥运会从“人文奥运”出发，制定了 25 片历史文化保护区规划和多项文物保护计划，八达岭段、黄花城长城都是修缮的重要内容，修缮后的长城接待了当时访

图 5-11 奥运圣火：从奥林匹亚到万里长城（新华社）

华的多位外国政要和国际组织代表、记者、游客。八达岭长城景区的中国长城博物馆也配合奥运会，在 2008 年 5 月改陈后正式对社会公众免费开放。2008 年 7 月 13 日，北京居庸关长城上，展示了一幅长度超万米的“奥运龙”画卷，纪念北京申奥成功 7 周年。重头戏是在 2008 年北京夏季奥运会开幕式环节，长城符号呈现在鸟巢内，令人震撼的人扮“活字模”拼出长城的造型，与背景中的长城相接，形成蜿蜒连续的视觉形象。

14 年后，时间来到 2022 年北京冬季奥运会，奥林匹克再次来到万里长城。和 2008 年夏季奥运会相比，在这次盛会中，长城符号更加突出，冬奥会开幕式上 3 次出现金山岭长城，在“二十四节气”倒计时环节，惊蛰、大雪两个节气的背景正是长城，长城四季风光一览无余，长城文化和冰雪元素交相辉映。在运动员出场环节，场馆内的巨大地面显示屏再次出现长城的

图 5-12 北京冬奥会倒计时背景出现的金山岭长城

画面，各国冰雪运动健儿在长城之巅相会，向全球传递了长城代表的和平、包容、开放的气象。另一大亮点是，长城场景更加突出。北京冬奥会开放延庆和张家口赛区，张家口赛区正好处在长城脚下，“长城脚下看冬奥，冬奥赛场看长城”成为吸引点，“雪如意”的高空跳台场地在天际与长城相接，场馆融入烽火台的元素。特别发布的“长城鼎”与“冰墩墩”“雪容融”一起，成为冬奥会特许商品。

奥运会是展示中国风采的重要窗口，长城符号闪耀在两届奥运会现场，向世界展现了北京“双奥之城”的魅力。长城场景、长城元素与奥运赛事一起，充分体现了自然之美、人文之美、运动之美。作为中华文明标志的长城，它所代表有关和合、拼搏、奋斗的精神实质，与现代奥林匹克运动所倡导的促进和平、增进友谊、勇于拼搏、挑战极限的精神是完全一致的，这在日益被地缘政治割裂的背景下，长城与奥运，传递出中国人民追求和平、抵制战争的共同心愿与珍贵信息。

94

长城如何彰显新中国大国外交风范？

在中国的文化遗产中，长城拥有最广泛最深厚的国际影响力，是世界公认的人类奇迹和中国的象征性符号，特别是八达岭长城已经成为国家外交活动的重要平台。从1954年以来，已经有520余位国家领导人和政府首脑，共8000多位部长级以上贵宾登临过北京八达岭长城，亲身体会“不到长城非好汉”，感受长城雄伟景观和所凝聚的中华民族精神和传统文化基因。新中国成立以来，长城为国家外交做出了突出贡献。

一是，展现和平发展理念。长城起源于战国时期的列国攻防，历史上，长城的修建目的是防御侵略、保护和平。新中国成立以来，八达岭、慕田峪等代表性长城景区接待外国领导人等外宾，向他们传递长城所蕴含的博大深厚的和平文化。随着长城汇聚的“朋友圈”和“和平俱乐部”地不断扩大，也反映新中国外交的好朋友、好伙伴越来越多。中国已经同 182 个国家建立了外交关系，同约 100 个国家和国际组织建立了伙伴关系，中国外交整体布局已经全面展开，中国和平发展的大国形象深入人心。

二是，展现崛起大国形象。长城是不屈民族精神的象征，近代以来，长城精神引领中国人民团结抗战，追求民族独立解放和发展，成为中华民族腾飞向上的精神图腾，也壮大了世界范围内的各国人民追求民族独立和解放运动声势。新中国成立以来，长城精神继续激励中华儿女奋发图强，改变了长期以来落后的状况，中国成为世界第二大经济体，壮大了发展中国家阵营和第三世界的力量。长城精神符码在国际舞台上地创新呈现和阐释，成为推动中国式现代化，推动中华民族伟大复兴的重要精神动能。

三是，展现交流繁荣愿景。长城所蕴含的和而不同、兼收并蓄的文明交流的内涵，在漫长的历史进程中，长城内外的交流实践足以证明不同民族、不同文化之间可以和平交流交融。长城所具备的这种文化象征性和文化交融意蕴，得到了西方社会的广泛赞誉，被认为是中国的古老智慧。进入新时代，文化交流交融范围更进一步扩大。2021 年 9 月，“一带一路”长城国际民间文化艺术节在河北省廊坊市和秦皇岛市举办，“一带一路”沿线各国围绕非遗、交响音乐会、摄影、美食、工艺、旅游等，开展了精彩的文化艺术交流，长城成为展示民间文化艺术的舞台，奏响了民心相通的和谐乐章。除了文化交流外，自西汉长城向丝绸之路延伸以来，长城成为贸易交流的重要地带，长城内外的农耕和游牧民族、中国与西方以及现在在“一带一路”上的各国，从古到今，不同方面都可以在互相尊重、公平开放的经济贸易交流中缓解矛盾，共同繁荣。

四是，贡献和平合作方案。共建人类命运共同体，也是我国新时代重大外交战略，不可分割的安全观、人类命运共同体，也都与古代长城军事防御、农耕游牧民族彼此交往、共存共荣的长城历史现实一致，证明了中国理念和中国智慧的源远流长、行之有效。在新的时期，长城所蕴含的追求人类命运与共，秉持和解与宽容精神，对国际地区冲突问题，可以提供中国方案，推动停火止战，开展劝和促谈。

总之，长城见证了新中国外交各方面、各阶段的发展，进入新时代，万里长城还将继续成为中国大国外交的重要力量，见证新中国外交的新时代。

95

“古老文明代言人”的长城在今天体现出何种时代价值？

习近平总书记在2019年8月视察嘉峪关长城时指出，“当今世界，人们提起中国，就会想起万里长城；提起中华文明，也会想起万里长城”。在历史上，长城是当之无愧的中国以及中华文明的“代言人”。在新的时期，万里长城“代言人”的位置无可动摇。2008年曾有一篇文章《“万里长城永不倒”的启示》，文章感叹“长城似乎一直占据着中国文化代言人的位置，长城的形象以及延伸符号，‘与日俱长’”。可见，即使到当代，长城这个“代言人”形象仍然十分巩固，体现出它所具备的时代价值。

长城的现代意义，是基于对长城的优秀历史文化价值的传承。历史上，长城尽管因为战争而兴筑，但长城增加了北方游牧民族对中原地区进行持久战争的成本，反而通过商贸互市增加了和平的红利，北方民族的人们通过边贸和南方的农耕民族互通有无，换取生活物资，促进共同繁荣。长城，和丝绸之路一样成为不同民族互市贸易、共同繁荣的通道。长城建立的各民族互利互助、共存发展的机制，在文化上推动了文化交往、交流、交融，成为中华文明新生和发展壮大的力量。长城串联起沿线不同的地域区块，连缀起不同的民族族群，在历史中形成的丰富、复杂、光辉灿烂的文化遗产，有多元的审美创造和风俗习惯。农耕和游牧族群和谐共生，不同文化主体的文化形态，在历史上沿长城进行交往交流，促成文化的扩散与流动。不同文化形态交融，不同文明交流互鉴，逐渐形成情感心理上的归属感，建立起祸福与共、荣辱与共的命运“共同体”，产生多元一体中华文明的独特创造。长城也因此成为中华民族融合的纽带，“长城内外是故乡”已经成为各民族共识。

长城的现代意义，还在于对长城的传统文化价值地创新发展。历史上的长城反映民族自在生成和多元一体文明的发展历史，但在展现中国传统的、民族的文化特征同时，还应当积极和当代现实及中国实践对接，传递出中国不会故步自封于历史，而是会不断追求进步、向上崛起的信号。长城国家文化公园的规划建设处在中国式现代化、中华民族伟大复兴的时代背景之下，它体现的精神形态也是面向当下和未来的，长城必须要与时代元素相结合，为新时代文明传承发展提供强大动力。为此，长城国家文化公园的建设，应当串联古今文化资源，特别是做好长城所代表的历史文化价值地时代创新表达。

为此，有必要将中国式现代化前景投射到长城上。近年来，不少书写实践，都体现出这样的自觉。例如，有很多文人在创作中将长城打造为“中国崛起的象征”。再例如在抗击新冠疫情期间，长城反复出现，成为呼吁民众团结一致、积极抗疫的象征。在近年来的脱贫攻坚、乡村振兴中，也有很多长城的符号，用每个人的奋斗铸就“民族崛起的长城”，传递各族人民、各行各业的劳动者为民族复兴矢志奋斗、永不言败的时代精神。这些新的表述和对传统文化内涵地创新表达，正在越来越多、越来越集中地出现，召唤一个更具时代性的长城“文明代言人”的形象。

96

长城国家文化公园和其他文化公园的重叠地带有哪些?

长城、黄河、大运河等都是长距离的线性遗产和超大型的文化条带，历经时代久远，演变沿革复杂，覆盖空间广袤。长城经过15个省(区、市)、97个地级行政单位的404个县级行政单位，黄河流域共涉及9个省(区、市)、69个地级行政单位的329个县级行政单位，大运河连接8个省(区、市)、25个地级行政单位，覆盖上百万平方千米的国土面积，有的范围还存在多个省市重叠交叉，相应国家文化公园的规划建设空间有重叠关系。长城主要与黄河、大运河相交。

长城与黄河，长城是大致沿北纬38°的一条横直线，黄河则在中国版图上呈一个美丽的“几”字弯，一直、一弯，相互穿插，留下交叉的点段。譬如西端在陕西榆林府谷，是陕西省最北端，地处秦晋蒙“金三角”地带，黄河入陕在府谷长107千米，又从府谷激流奔涌直下晋陕峡谷，绵延的长城东西横贯府谷百余千米。相关地段不仅纳入《陕西省长城国家文化公园建设保护规划》，也是黄河国家文化公园的建设点段。

继续向东，长城与黄河浪漫相遇在山西忻州的偏关县，偏关县在黄河“几”字形的右上角偏下处，地处晋陕大峡谷的核心地段，河谷两岸壁立万仞，河道中碧波万顷。同时，它北靠偏关长城与内蒙古自治区的清水河县接壤，西临黄河与鄂尔多斯准格尔旗隔河相望。偏关旧称偏头关，与宁武关、雁门关并称“外三关”。偏关为三关之首，自古便为兵家争战、屯兵、驻防之重地，被称作“北疆之门户，京师之屏障”。

长城、黄河交汇处，是自然遗迹与人文历史完美融合之处，也是早期文明的重要发祥地。早在新石器时代，就有先民就在这里开发建设、繁衍生息。长城建立后，这里又成为兵家必争之地，陷入战火之中。但在绝大多数时候，这里是和平的，中原农耕民族与北方游牧民族都在黄河、长城的交汇之处，相安无事，交往、交流、交融，牧业与农耕生业共同发展，彼此互通有无，多元灿烂的民俗文化在这里开花结果，共同构成了黄河、长城厚土淳风、壮美和谐的画卷。

除了与黄河，长城还与京杭大运河有重要的、世纪性的交汇。这个交汇处就在首都北京，长城文化与大运河文化交汇的唯一地点，更精确一点就是通州。北京境内的长城是北齐土长城，后来明代在此基础上又有大规模修建，东起平谷，西至门头沟，途经北京市内的6个区。在历史上，北京先后是辽陪都、金中都、元大都，以及明、清的国都，如今是中华人民共和国首都，全国政治中心、文化中心。明长城的修建就是主要用来巩固北京都城安全、抵御北方游牧民族的重要防御工事，但也是双方交流的贸易口岸，而大运河的修建也是为了供应都城的物资，带动繁荣了沿线贸易。元明清以来，随着北方游牧民族陆续成为中国的统治者，大运河与长城交汇的北京城，也逐渐成为中华文明多民族、多文化统一融合的中心。

长城、黄河、大运河三大人文地理标志，在陕西、内蒙古、山西、北京等地的交汇，讲述了中华文明早期发展的故事，促成了农耕文明与游牧文明的汇聚融合。这些汇聚的点位，因为特有的地理位置和多元的文化滋养，相对于其他地方，也是文化底蕴深厚、精神气质鲜明的地方。对这些重叠区域、重要节点，国家文化公园建设应当注重兼容并蓄、彼此呼应，在共同利用文化资源的基础上，突出各自公园的系统完整的主题概念，打造特色主题景观。例如长城国家文化公园（甘肃段）的榜罗镇长城展示，结合了长征国家文化公园重点展示园“榜罗镇会议旧址”，共同打造体验园区，分别展现战国秦风和红色文化，做到各美其美、美美与共。

97

长城国家文化公园的主题展示区有哪些？有何共同特征？

“文化”的主体是人民，“公园”的主人是人民，国家文化公园由人民共享。因此，国家文化公园建设应当有文化内涵、可精神感知、有景观欣赏，面向公众开放，促进人民共享。如何达到上述目标，增强公众对巨大线性文化遗产的实地感知和历史体味，让古老的长城在新时代更加形貌鲜活、具体可感？在长城国家文化公园规划中，特别提出要按照“核心点段支撑、线性廊道牵引、区域连片整合、形象整体展示”的原则构建总体空间格局，同时重点建设“管控保护、主题展示、文旅融合、传统利用”4类主体功能区。“主题展示区”有何内涵？应如何理解？

建设长城国家文化公园主题展示区，关键在于首先确定主题。长城有大的主题和整体统一的形象设计，大的主题就是中华民族融合、自强、团结、爱国的主题，整体形象就是“万里长城”。大的主题和形象是相对宏大的，各点段需要在大的框架体系中，凝练自己的个性化主题。长城不同点段都受各自所在地域、民族族群的文化浸润，有不同的历史故事和精神内涵，要选取呈现最为完整、景观价值最高的长城点段，充分挖掘并突出其独特的历史价值、文化价值、景观价值和文化内涵，形成富有地域风情、文化特色、精神魅力的主体景观。譬如，长城国家文化公园（山西段）就是抓住雁门关、得胜堡、老牛湾、娘子关、平型关、杀虎口 6 个景观保存最完整、历史底蕴丰富的点位进行集中打造、主题展示，这些主题展示区对应分别彰显自强不息、民族融合、边塞风情等精神内涵和文化价值。再如，长城国家文化公园（甘肃段）就是抓住玉门关、嘉峪关、望儿咀等主题点位，依据长城和周边自然风光、文化景观，分别展示陇右屏障、河西汉塞、明代雄关不同核心主题。

确定主题后，还要关注如何展示。长城国家文化公园的主题展示，关键要突出标志性项目建设，以各自点段的文化遗产价值解读与主题阐释为出发点，进行整体景观提升改造和重点点段景观营造。从建设时间看，各地围绕主题展示区，着重打造好核心展示园、集中展示带和特色展示点。核心展示园是由开放参观游览、地理位置和交通条件相对便利的国家级文物和文化资源及周边区域组成，集中展示带以相应区域的文物资源为分支，汇集形成文化载体密集地带，特色展示点分散在主题展示区内，可帮助公众体验和理解长城文化。特色展示点汇入集中展示带，集中展示带以核心展示园为基点，综合呈现不同的景观风貌和精神内涵。同时，集中力量打造好主题核心展示园，形成参观游览、文化体验的主体区、热点区。以长城国家文化公园（甘肃段）为例，针对“河西汉塞”的核心展示园，提出要通过建设展示步道和风景道示范段，让参观者实地感触阳关、玉门关和敦煌长城墙体独特的营建形式和汉代关塞的景观形象，呈现丝路文化和边塞文化。

98

长城国家文化公园建设如何善用中华优秀传统文化、革命文化和社会主义先进文化资源？

国家文化公园作为党中央首提首倡的国家文化工程，具有突出的文化战略意义。这一战略就是汇聚文化主脉，打造文明标志，形塑文化主体。通过整合具有突出意义、重要影响、重大主题的线性巨型文物遗迹和文化资源，实施开放式、开敞型、共享性的公园管理运营，实现对中华优秀传统文化的保护传承和转化利用、对革命文化的弘扬、对社会主义先进文化的打造，共同形成具有特定开放空间的公共文化载体，集中打造出中华文化的重要标志。

认识好国家文化公园的特殊位置。长城、黄河、大运河、长征以及长江，是我们民族的根与魂，是中华民族的巨大文脉，而中华优秀传统文化、革命文化、社会主义先进文化是社会主义文化的“主体”和“主流”，以文脉为滋养，社会主义文化的“主体”才会更加壮大、文化的“主流”才会更加宽广。中华优秀传统文化是我们的精神家园和文化沃土，也是涵养社会主义核心价值观的重要源泉。而革命文化是我们党不畏困难，领导中国革命，所形成的革命理论、革命精神、革命传统和革命气质，是社会主义新中国的永恒精神力量和精神财富。社会主义先进文化是以马克思主义为指导，民族的、科学的、大众的社会主义文化，是党领导中国人民在社会主义实践探索中形成的健康积极向上的具有中国特色的文化。它是当代全体中国人民共同的精神根基，是“中国之治”的智慧支撑和精神源泉，在文化观念和社会思潮中居于主导地位。

用好不同文化类型的文化资源。习近平总书记指出：“在5000多年文明发展中孕育的中华优秀传统文化，在党和人民伟大斗争中孕育的革命文化和社会主义先进文化，积淀着中华民族最深层的精神追求，代表着中华民族独特的精神标识。”优秀传统文化、革命文化和社会主义先进文化是当代中国文化的主流，是构成文化自信自强、铸就社会主义文化新辉煌的根基。国家文化公园作为社会主义文化的最新创造、重大战略，必须从3条根基主脉中，汲取养分、汇聚资源。

在长城国家文化公园建设中，一要用好中华优秀传统文化资源。长城在千年长河中形成了丰富的文化遗产，积累了众多的历史故事，需认真梳理长城沿线各类文化遗产，包括各类非物质文化遗产资源，为创造性转化、创新性发展奠定坚实基础。以山东省国家文化公园建设实践为例，在打造齐长城（锦阳关段）的过程中，从孟姜女故事原型与齐长城关联出发，当地建设者充分挖掘、搜集、整理国内外上千件有关民间文学孟姜女传说故事的文物、文献史料、书籍、唱本、唱片、故事传说、民间小调等，出版发行《孟姜女传说研究》，是运用优秀传统文化资源的典型案例。二要用好革命文化资源。在近代历史上，长城抗战成为国人难以忘却的历史记忆，长城遗迹也蕴藏着丰富的抗战历史文物资源和红色革命文化资源。以河北省国家文化公园建设实践为例，在迁西段长城打造中，围绕“长城抗战”主题定位，当地建设者全面整合长城抗战文化资源，运用好喜峰口关、水下长城奇观和长城抗战历史，收集了长城与国歌、《大刀进行曲》等革命文化资源，将迁西段长城打造为长城抗战革命精神传承线。三要用好社会主义先进文化资源。长城同样是中国式现代化进程中先进“中国之治”的现代发展理念和文化成果的汇集地，需要集中运用好、体现好。以北京市国家文化公园建设实践为例，明确了公园建设目标是建立“文化、生态、生活共融发展的典范区”，使北京段长城成为展示中国当代人民美好生活和文化景观的最优资源区、示范区，为当地人民提升生活品质，增进民生福祉，助力社会文化与经济发展。此外，各地建设也充分运用 5G（第五代移动通信技术）等最新科技手段，加强数字基础设施建设，利用现有设施和数字资源，建设国家文化公园官方网站和数字云平台，使新时代长城故事实现创新传播，更加深入人心，持续扩大长城文化影响力。

国家文化公园建设的提出，呼应了社会主义文化发展、建构文化主体、打造文明标志的需求和期待，国家文化公园的建设实践，也正汇总运用好了不同的文化资源，共同打造符合新时代要求的长城文化形象。

参考文献

一、专著

［1］罗哲文．长城史话［M］．北京：中华书局，1963.

［2］费孝通．中华民族多元一体格局［M］．北京：中央民族学院出版社，1989.

［3］罗哲文，刘文渊．世界奇迹：长城［M］．北京：文物出版社，1992.

［4］李凤山．长城与民族［M］．北京：中央民族大学出版社，2006.

［5］景爱．中国长城史［M］．上海人民出版社，2006.

［6］［美］威廉·埃德加·盖洛．中国长城［M］．沈弘，恽文捷，译．济南：山东画报出版社，2006.

［7］［英］威廉·林赛．万里长城百年回望：从玉门关到老龙头［M］．李竹润，译．北京：五洲传播出版社，2007.

［8］［美］阿瑟·沃尔德隆．长城从历史到神话［M］．石云龙，金鑫荣，译．南京：江苏教育出版社，2008.

［9］罗哲文．长城［M］．北京：清华大学出版社，2008.

［10］乔志霞．中国古代长城［M］．北京：中国商业出版社，2015.

［11］陈海燕，董耀会等．中国长城志［M］．南京：江苏凤凰科学技术出版社，2016.

［12］杨国庆．中国古城墙［M］．南京：江苏人民出版社，2017.

[13] 吴雪杉. 长城：一部抗战时期的视觉文化史[M]. 上海：生活·读书·新知三联书店，2018.

[14] 董耀会. 长城：追问与共鸣[M]. 北京：燕山大学出版社，2020.

[15] [美] W.J.T. 米歇尔. 图像学：形象，文本，意识形态[M]. 陈永国，译. 北京大学出版社，2020.

[16] 韩子勇等. 黄河，长城，大运河，长征论纲[M]. 北京：文化艺术出版社，2021.

[17] 董耀会. 传奇中国：长城[M]. 北京：中国轻工业出版社，2022.

[18] 周庆富. 国家文化公园40讲[M]. 北京：中国旅游出版社，2022.

[19] 蒋诗萍. 中国品牌国际传播：文化符号生产与认同机制[M]. 成都：四川大学出版社，2022.

二、报纸刊物

[20] 江宁康. 民族文化遗产的审美再造与国家认同[J]. 马克思主义美学研究，2018（2）.

[21] 白墨. 镜鉴与反躬：国家文化公园建设思考[J]. 博雅研究，2019（12）.

[22] 马戎. 中华文明共同体的结构及演变[J]. 思想战线，2019（2）.

[23] 郭丽萍. 筑成我们新的长城：关于长城民族符号形成史的研究[J]. 太原师范学院学报，2020（3）.

[24] 季中扬. 视觉形象：中华民族文化认同的符号建构[J]. 民族艺术，2021（1）.

[25] 董耀会. 长城文化与人类命运共同体[N].《新华日报》，2020-8-28.（014）.

[26] 董耀会. 长城：中华民族的代表性符号和中华文明的重要象征[N]. 中国民族报，2021-01-08.（005）.

[27] 韩子勇. 新时代国家文化公园建设的理路与价值[N]. 中国艺术报.2022-2-11.（005）.

[28] 韩子勇. 赓续中华文明的鸿图华构[N]. 中国财经报.2022-6-11.（008）.

名词索引

（按汉语拼音字母顺序排列）

后 记

长城是历史上形成的醒目的地标，是我们民族伟大的标志和徽记，但我们对它却知之甚少。它究竟有何原型，有何源流，因何而起，因何而衰，又如何从一个物理的实体，转化为一个精神的符号？长城作为军防工事的千年修筑史、千年使用史，以及作为文化遗产的保护史，在漫长的历史里，有太多故事发生，有太多误会发生，也有太多遗忘发生。

大抵所有的人和物，最怕被人遗忘，被流光抛弃。长城无法发声，对被遗忘、被误解，只能由我这样容易移情共情的人，来为他打抱不平。这本书的写作，就是基于一个朴素的信念，就是要讲好长城故事，让这个历经沧桑的巨物，变得更清楚一点，更亲近一点，更“可爱”一些，让世人记得他更久一点。

当然，这本书离不开对现实的观照。党中央提出建设包括长城在内的国家文化公园的重大文化工程，对长城历史故事和文化内涵进行高度提炼，打造、展示和宣传推介长城文化标志，这是讲好长城故事、讲好中国故事的重大机遇。

“横平竖直弯折钩”，长城、黄河、大运河、长征，以及长江，他们在中华大地上留下铁画银钩般的深刻痕迹，构成了我们这个国家的门楣框架，是我们这个文明的巨大身躯形体。我常常愿意发散一下思维，把他们形象化地加以理解。中国如同一个巨人，长城是他的坚硬肩骨，助他力扛千钧，抵御外力；黄河是他的左右手臂，助他探囊取物，伸屈自如；大运河是他顺滑的食道，为他运输饭食，活人血气；长江是他的弯曲肚肠，助他吸收养分，化解郁积；长征是他的沥沥肝胆，帮助他代谢清净，发荣血性。五脏六腑、筋骨关窍，人缺一难活，对中国巨人而言，同样如此。保护好长城、黄河、大运河、长征、长江，建设好国家文化公园，也许它的意义就可以理解了。但我想，这位时代巨人应该是向前奔跑的姿态，支撑他的有力双腿有待发明，这也为规划新的国家文化公园留下一个预告。

回到长城，这块最坚硬的巨人肩骨。我曾近身抚摸过他，手感粗粝厚重，令人安心留恋。我钦佩于他在历史上对和平的守护，也敬服于在今天他仍为我们撑起精神的天地。我怀着这样的心情，书写长城的生平，讲述长城的故事，为他歌颂，为他“鼓吹”，希望帮助更多人理解长城的伟大，认识这片肩骨的力量，感悟沉淀的千年智慧、厚重情感和多元文化，也更能认同新时代党中央建设国家文化公园的决策意图。

或许长城之灵，也会原谅我的自作主张、自说自话罢。

高佳彬

2023年7月